図説生物学30講
動物編 1

生命のしくみ
30講

■ 石原勝敏 [著]

朝倉書店

はじめに

　地球上にはさまざまな生物がいる．しかも，この宇宙には地球上にしか生物は棲んでいないのかもしれない．どの生物も時に不可解な行動をする．解剖をしてみると，さほど複雑とは思えないような構造をしているのに，それらが奇妙に関連して生命活動を行い生きているのである．それが生命力であろうが，生命の維持というのは大変複雑な仕業である．生物はそれを可能にし，生物学や医学の進歩がそれを助けている．それでも不可能なことがあるらしく，生物には寿命というものがあって，生きるのにも限度があるようである．そんな不可解なものが地球にいる．それが生物である．

　私は長い間，生物を学び，研究をしてきたが，今頃になって生物のもつ生命の不思議を実感するようになった．その理由は変幻自在とも見える生命の多様性にあるように思える．長い間に私のからだにしみついてしまった生命の底知れない奥深さを，高校で生物学の基礎を学んだ大学生諸君や生物に興味をもつ社会人の方々にわかりやすく語るように，朝倉書店から依頼されて書き始めたのが本書『生命のしくみ30講』である．

　私は生物，特に動物の断片的な知識はもっているが，生命の広範な活動における総合的な力の奥深さを十分に把握しているわけではない．だから，単細胞の動物からヒト（人類）までを例にしながら，身近な動物の「生命のしくみ」を解説したが，執筆しながら常に私につきまとったのは，生命はどこから来てどこへ行くのだろうという思いである．

　単純な生物が，まず細胞の中に生命を宿らせ，それが「徒党」を組んで胚葉をつくり，組織になって，それがまた協同して器官をつくり分業化をはかって個体を形成し，生命活動を広げ多様にしている．その多様化はまた動物の種類によって様相を変えて現れる．

　しかし，動物個体にはそれぞれに寿命があるがゆえに，次世代に生命をつなぐまで個体の生命の維持に専念している．生命維持のしくみを解説するのが本書の目的でありながら，その生命はこれからどこへ行くのだろうという問題には直接触れていない．生命は単細胞から器官をもつ個体にまで広がりを見せながら，その果てに生殖によって生命を次世代につなぐことだけはわかっているが，その先の生命のゆくえはわからない．生物はこのような組織，器官の構成でどこまで生き永らえるのであろうか．これからどのように進化するのであろ

うか.「生命のしくみ」を理解した上で,本書に託した「生命のゆくえ」を感じとっていただけたら,大変幸甚である.同時に,不十分な点も多々あろうと思われるから,ご叱正やご批判をいただいて,よりよいものにするために今後の参考にしたい.

　最後に,本書の図の描き方などにさまざまな助言をくれた友人に感謝する.また,朝倉書店編集部の方々には,長期にわたって,辛抱強くお世話をいただき,細部にわたりご助言やご協力をいただいたことを心から感謝申し上げる.

　2004年10月

石原　勝敏

目　次

第1講　生物と生命 ……………………………………………………………… 1
第2講　生命の基本単位：細胞 ………………………………………………… 6
第3講　細胞は生きている ……………………………………………………… 12
第4講　細胞の物質成分：酵素・ビタミン・ミネラル ……………………… 17
第5講　細胞膜と細胞質の代謝系 ……………………………………………… 23
第6講　細胞小器官のはたらき ………………………………………………… 30
第7講　遺伝情報の貯蔵庫：核 ………………………………………………… 34
第8講　タンパク質合成：リボソームのはたらき …………………………… 40
第9講　エネルギーの合成：ミトコンドリアの驚異 ………………………… 45
第10講　細胞を支え動かす細胞骨格 …………………………………………… 50
第11講　からだをつくり子孫を残す2つの細胞分裂 ………………………… 56
第12講　細胞分裂を制御する：細胞周期 ……………………………………… 63
第13講　細胞どうしのつながり：細胞間結合と細胞間連絡 ………………… 68
第14講　細胞分化の方向 ………………………………………………………… 73
第15講　細胞の集団：組織 ……………………………………………………… 79
第16講　動物の種類と組織構成の違い ………………………………………… 83
第17講　上皮組織：環境への適応 ……………………………………………… 88
第18講　神経組織：体内情報伝達 ……………………………………………… 92
第19講　筋組織：からだや器官を動かす筋肉 ………………………………… 99
第20講　結合組織：形や機能を支える ………………………………………… 106

第21講　組織は集まって器官をつくる ……………………………112
第22講　動物の種類と器官の相違 ……………………………117
第23講　消化器官：食物の分解と吸収 ……………………………122
第24講　肝臓：同化と解毒 ……………………………128
第25講　呼吸器官：外呼吸・内呼吸・細胞呼吸 ……………………………133
第26講　循環器官：心臓血管系とリンパ系 ……………………………139
第27講　排出器官：腎臓と膀胱 ……………………………145
第28講　内分泌器官：ホルモンと神経分泌 ……………………………151
第29講　生殖器官：卵巣と精巣 ……………………………159
第30講　からだを守る：生命を維持する ……………………………165

索　引 ……………………………173

第1講

生 物 と 生 命

テーマ
- ◆ 生命とは何か
- ◆ 生物とはどんなもの

生物のあかし

　生物であることの証拠って何だろう．証拠があるのなら，そのあかしは多種多様な生物のすべてに共通の何かであるはずである．

　地球上にあるすべてのものは目に見えるものも見えないものも含めて，生命をもつ生物かあるいは空気や岩石のように生命のない無生物かである．生物は他の生物や無生物を利用して生きている．では，生きているとはどんなことか．生命のある生物とはどんなものか．ここから生物学をはじめよう．

　生物とは生きているものを指し，あるいは生物は生きているというが，実は生物と無生物を区別するのは大変むずかしい．ウイルスのように，生物か無生物かよくわからないものがあるし，近代になって技術的に可能になった培養できる遊離細胞は生きているが一個体の生物とはいえない．事故（交通事故など）や病気（脳梗塞など）で，脳は死んでも他の組織・器官は生きていて移植に役立つ．生命とは何かとか生物とは何かを明確に表現するのはむずかしい．

　生物学的には生命をもっているもの，生命現象をいとなむものを生物といっている．しかし，これではまだ生物の本質はよくわからない．生命が何かわからないし，説明の表現の中に具体性がないからである．

　古代から，人々が生物として認識してきたものは，その本質を意識しないまま，成長するもの動くものなど直感的に生きていると考えられるものを指していた（図1.1）．もちろん，生物はいろいろな特性を備えている．自分で成長できるもの，増殖できるもの，物質代謝を行うもの，細胞構造をもっているものなど種々の能力をもっている個体を生物と呼んできた．

　しかし，科学が発展するにつれてどこにでも例外が見いだされてきた．寄生しないと生きられない動物や植物があり，自己成長や増殖はできないものがあ

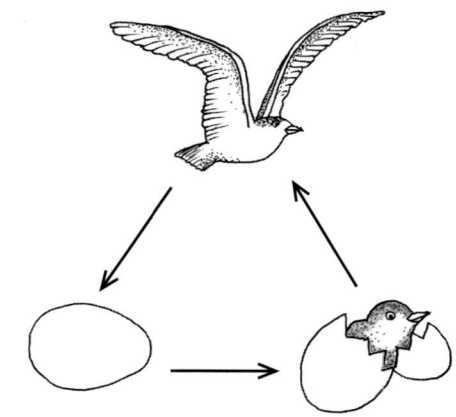

図 1.1 生命の誕生と活動（生命は生命から生まれる）

る．細菌は細胞膜をもち，分裂して数を増やす．古くは核がないと考えられてきたが，顕微鏡の発達によって，実は核膜がなく染色体の構造をとらないだけで，DNA（核物質）をもっており，自己増殖能力をもっていることがわかった．しかし，ウイルスが増殖することはよく知られているが，単独であるいは水中や空気中で増殖はできない．感染（侵入）した生物の細胞の中で，その細胞成分の酵素やリボソームなどを利用して増殖するのであって，自己増殖性はない．だから，細菌は生物であるが，ウイルスは生物とはいえない．無生物といい切るにはやや生物に似ている点もあるが，やはり病原体という小さい粒子というべきであろう．

　生物と呼ばれるものは核物質をもっている．核がないと，細胞分裂が起こらず，したがって，増殖能力がなく遺伝性もない．核を除去した細胞は分裂も成長も起こらず，やがて死滅することが実験で示されている．このあたりに生物の本質がある．

生物の本質

　現在では，DNA や RNA のような核酸によって遺伝子の複製を行い遺伝性をもち，タンパク質つまり酵素などの協力で物質代謝・エネルギー生成を行い自己増殖や自己成長ができる個体で，かつ刺激（環境）に対して対応できる反応性をもつ個体を生物とする考えが主流である．

　人間も生物である．しかも，生物界で最も高度に発達した機能をもつ霊長類である．人間は優れた感性をもち理性をもつ唯一の動物である．このどこから生じるのかわからない特殊な無形の精神作用に基づいて，感情が湧き意志がはたらき，行動を引き起こす．これも生命があればこそである．下等な生物にな

ればなるほど，このような精神作用はしだいに失われていく．しかし，上の定義に当てはまるものはすべて生物である．このような生物間の差が長い年月を経た進化の結果であるとすれば，人間の存在，そしてその行動の重要性も理解できるわけである．高度な精神作用による行動は低次の行動を制御することができるからである．このような高度な機能の差は脳の進化の差に依存するように思われる．精神作用の根幹が脳にあるからである．

　自己増殖できるのは核酸（DNA，RNA）をもっているものだけである．核酸だけが自分と同じ核酸を複製できるからである．核酸はリボソームの助けを借りてタンパク質をつくる（翻訳という）ことができる（第7講）．タンパク質は酵素としてはたらき物質代謝やエネルギー代謝を行ったり，形をつくる構造タンパク質として細胞や個体をつくり，あるいは情報伝達分子などとして個体全体のバランスを保ち，生命を維持している．核酸→タンパク質→細胞・個体の形成の道筋は核酸（遺伝子）の情報発現と呼ばれている．ここで起こる生命活動を総括しているのが脳である．神経系の中枢や個体の維持（代謝のバランス）にはたらくホルモン分泌の中枢などが脳に集中している（第28講）．脳での情報の総括の結果として感情や理性のような精神作用が現れる．これが人間の生命の総合的発現であるが，生命の本質は上に述べた基本作用をいとなむ細胞にある．

生命の不思議

　それでは，生命とはどんなものだろう．生命は生物の本質的属性であると簡単に表現されているが，具体的には，生物の特性である遺伝や増殖ができる性質といえるだろう．そのためには，遺伝や増殖を可能にするエネルギー生成系をもっていなければならない．養分を取り込み，エネルギーを生成し供給して，分裂，増殖，成長，遺伝などを可能にする．その意味で細菌は生命をもち，ウイルスは生命をもっていない．これらはその特異性のゆえに，細菌学やウイルス学として別扱いされている．

　しかし，他の単細胞生物や細胞の集合体である多細胞生物はさまざまな反応をみせる．これは生命をもっている，つまり，生きているから起こり得る現象で，いわゆる生命現象として総括的に表現される現象である．高等動物には感情があり意志がある．人間には理性もある．いわゆる心あるいは魂と表現されるものであり，生命の表現形であり行動の基盤となる．これらは細胞の集団が集まった細胞の種類・性質によって細胞の集団（たとえば，表皮，感覚器，内臓器官などの細胞集団）がそれぞれ特有の機能を発揮し，それらがさらに，神経系，血液，リンパ系，生理活性物質などの総合的ネットワーク（器官→神経

系；器官→循環系→脳→循環系→組織・器官）を形成して生物個体の合作として現れる生命の表現形である．つまり，感情や意志を形成し，行動を誘起する．

　生物はすべて生命をもっているというのは正しいが，生命とは何かという生命観を限定して考えるべきではない．動植物の細胞を解離して培養する培養細胞も組織や器官として移植される生物の一部も生命をもっている．

　生きてはいるが，細胞は分化（分業）しているから，集団を形成して個体の形で共同作用が起きないと，増殖も遺伝もできない．しかし，個々の細胞は生きている．何が生きていることの条件だろうか．いろいろな機能が考えられるが，呼吸（酸素消費）のようなエネルギー生成系がはたらいているかどうか，細胞特有の代謝系がはたらいているかどうかなどが生きている最低条件といえるだろう．端的にいえば，エネルギー合成系がはたらいていればATP（アデノシン-三リン酸）が合成され，エネルギー消費が高まればATPは減少する．生きていればATPは一定レベルを保っている．このATP量の減少は生死の判断にも利用できる．代謝系の活性が高まれば，あるいは（細胞が）集団をつくることによって器官として，個体として，生物として機能できるようになるのなら，それを構成する個々の細胞は生きている．つまり，生命をもっているといえる（図1.2）．しかし，個々の細胞（単細胞生物も）はそれぞれ特有の細胞成分（核，ミトコンドリアなど）をもっている．その成分のどれかを失って生きるエネルギーがなくなったとき，増殖能力も反応性もなくなり，生命は失われる．

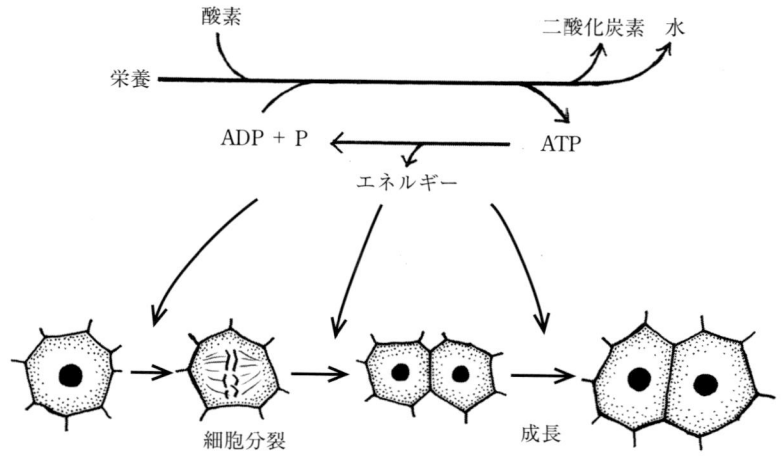

図 1.2　生命とエネルギー
生きることを含め，エネルギーなしでは生命活動はできない．

═══════════════ **Tea Time** ═══════════════

 **生物にいつ生命が宿ったか**

　昔，この地球上に生物がどのようにしてできたかを考える人はいなかった．それを考える知識も材料もなかったからである．しかし，現存する生物がどのようにして生じる（生まれる）かという議論は古くからあった．いわゆる自然発生説である．紀元前300年以上も前，アリストテレス（Aristoteles）は当時知られていた動物の発生のしかたを研究して発生様式を分類した．脊椎動物や昆虫などを解剖し，卵を探し，幼生を調べて，胎生，卵生，蛆生，自然発生の4つに分類した．親の体を解剖しても卵や幼生の見つからないものは自然発生すると考えたのである．

　偉大な業績をあげた人物が提唱した説は盲信される．以後2000年の間，自然発生説は単に信じられるだけでなく，生物全般に自然発生するものと考えられるようになった．微生物だけでなく，昆虫やネズミさえも，汚物から自然発生すると考えられた．微生物によって腐敗が起こるのではなく，逆に腐敗物から生物が生まれると信じられた長い時代があった．しかし，生物が生命をもつものという考えは生物の誕生が論じられると同時に当然のこととして考えられ，形あるものに生命が宿り，生物として活動すると考えられた．アリストテレスの霊魂説というのがそれである．霊魂は生物の形ができた時，大気から体の中に入り，生物に宿るとする考えである．15世紀になってからもレオナルド・ダ・ヴィンチ（Leonardo da Vinci）は霊魂は母親から子宮に宿る胎児に伝えられると考えていた．やがて霊魂説が消えるのは17世紀になって血液の循環が明らかになってからである．

　比較的近年まで生物学はそれほど進歩していなかったといえるが，後で本シリーズの中で述べられるように，45億年前に地球が誕生し，地球が発展する過程の中で30億年前に，化学進化の結果として細菌類が発生し，続く長い生物進化の過程で10億年前に多細胞生物が生じたのも，遺伝と増殖という生物の基本的属性があったから，生物は進化し続けて，生命がさまざまな形で進化したことが，上記の記述から読み取れると思う．しかし，今後の生物がどのように進化するかはわからない．また，他の天体に生命体に似たものが発見されることがあるかもしれない．その時は生物と生命についてもう一度考えなおす必要が生じるかもしれない．

第2講

生命の基本単位：細胞

テーマ
- ◆ 生命はどこに宿るか
- ◆ 細胞とは何か
- ◆ 細胞の分化（分業）

生命と細胞

　生命が宿っているのは細胞である．細胞が壊れれば生命もなくなる．単細胞生物でも多細胞生物でも細胞の死滅と生命の喪失とは同時である．死滅しあるいは破壊された細胞に生命が宿ることはない．この細胞には遺伝性も増殖性もなくなるからである．

　生物の構造について，時間をかけた先人たちの研究の歴史（17～19世紀）がある．細胞の発見や細胞のできかた（細胞説）やからだの構成の研究などである．そして，細胞が完全な形で構築され，それぞれの細胞が機能を発揮できるようになったときに，はじめてその細胞が生きながらえることができることがわかったのは19世紀になってからである．

　まだ，化学進化や生物進化の考え方がなかった時代（18世紀以前）には，特に顕微鏡の発明（17世紀：レーウェンフック（Leeuwenhoek）の単眼顕微鏡，フック（Hooke）の組み合わせ顕微鏡）以来，急激な生物の解剖学の進歩の時代があった．しかし，その時代にも，生物の基本的な構造はわかっていなかった．高等動物には心臓があり血管には血液が流れていることは知られていても，それが細胞の集団でできていることはわからなかった．確かに，フックはコルク，ニワトコ，ニンジン，シダなどの植物組織の切片を観察し，穴だらけの構造を細胞と名づけているが，細胞の本質については理解しておらず，植物は膜で仕切られた細長い管でできていると考えていた（図2.1）．現代になって，位相差顕微鏡の発明（1940年），電子顕微鏡の発明（1933年，実用化1950年代）などによって，細胞の微細構造が明らかになり，めざましい発展を遂げた．細胞の機能的役割については現在でも研究が続いており，新しい細

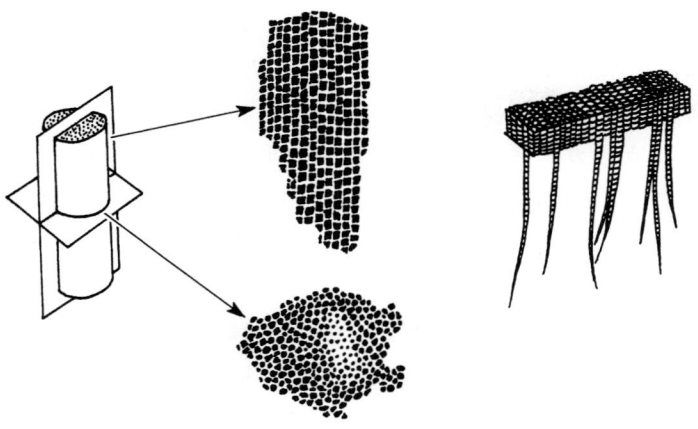

図 2.1 フックが描いた細胞像
17世紀の顕微鏡でみた細胞は房か管のように見えた．

胞の機能や役割，あるいは病気になった時の形や機能の変化などが明らかにされていることはよく知られている．しかし，振り返ってこの歴史の中で細胞の発見者は誰なのかと考えると，その栄誉は最初に細胞の構造を描いたフックのものになっている．

生物の基本構造

植物学者シュライデン（Schleiden）はイギリスのブラウン（Brown）の核の発見に刺激されて植物の発生を研究し，植物の基本単位は細胞であり，細胞は核を中心につくられると考えた．動物生理学者のシュワン（Schwann）は動物の細胞も同じではないかと考えた．研究しやすいカエルの幼生（おたまじゃくし）を材料にして，脊索や軟骨を観察して，動物の細胞も植物の細胞と同じ構造であり，やはり核を中心に細胞が形成されると考えた（図 2.2）．シュワンはさらに材料を変えて研究し，羽，ひずめ，骨，歯，筋肉，神経なども形は変わっているが，元をたどればすべて細胞であり，細胞が生命の基本単位となっ

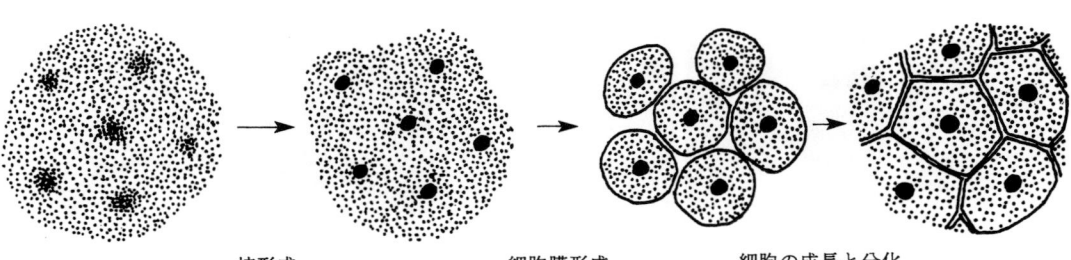

核形成　　　細胞膜形成　　　細胞の成長と分化

図 2.2 シュライデンやシュワンが考えた細胞説（核を中心に膜が形成され細胞ができると考えた）

て，発達し分化して，いろいろな形，構造をつくり，機能も変わってくると結論した．これが細胞説（1839年）である．この研究によって生命の基本単位は細胞であると信じられるようになった．

翌1840年，ケリカー（Kolliker）は精子や卵も1つの細胞であることを明らかにして，すべての生物のからだが細胞でつくられ，細胞が生物個体（生命）の基本単位であることが確立した．

シュライデンやシュワンが考えた核を中心とする細胞の形成過程は誤っていたが，やがてドイツのモール（Mohl）が細胞は細胞の分裂によってできることを明らかにし，ウィルヒョー（Virchow）が生物の病気も元をただすと細胞の病気であることを指摘して，細胞の正しい姿が理解されるようになった．そして，20世紀になって電子顕微鏡の発明・開発に伴って細胞の微細構造や機能の解明が急速の進歩を遂げることになるのである（図2.3）．

原核細胞と真核細胞

19世紀の終わり頃，ドイツのヘッケル（Haeckel）はダーウィン（Darwin）の進化論に傾倒して大胆な動物発生の仮説を立てた．個体発生は系統発生を繰り返すという仮説であり，生物発生原則と呼んだ．ヘッケルは生物進化の祖先として，自然発生による原始的な有機体の出現を想定した．最初に分子の複合

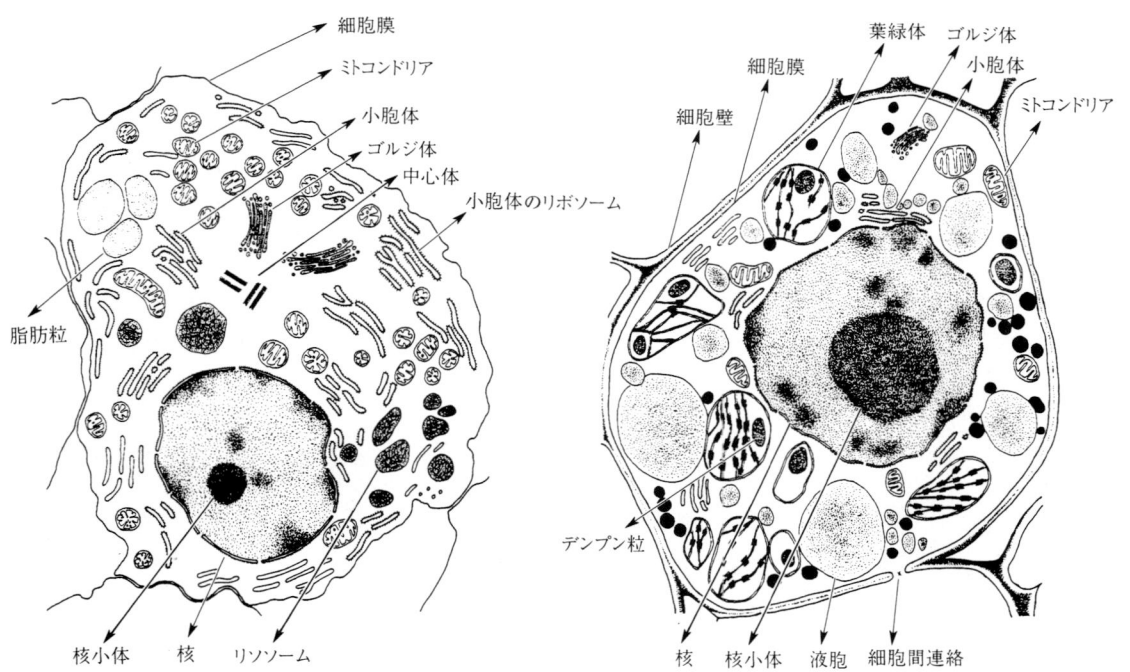

図2.3　細胞の模式図（左：動物細胞，右：植物細胞）

体が不定形で無核の原形質塊を形成するとして，これをモネラと呼んだ．このアメーバ状のモネラが1つあるいはいくつか集まって，そこからすべての生物が進化し，この進化の過程を時間的に短縮して起こるのが個体発生であると考えた．その背景には個々の生物進化の過程はその生物の卵から成体への個体発生の過程をみればわかるとする大胆な発想があった（第16講）．ヘッケルはこの進化に対する発想を個体発生に適用した．個体発生でもモネラに相当する無核の段階を経て発生が進むと考え，無核の段階をモネラと呼んだ．それが有核の卵になり分裂すると考えたのである．

ヘッケルが仮想したモネラは彼の弟子ヘルトウィッヒ（Hertwig）のウニの受精によって否定された．ヘルトウィッヒは透明なウニ卵の受精を観察して，卵の核と精子の核が合体した場合に限って発生が開始されることを発見し，生物が生きて増殖するためには，基本的に核の合体が重要であることに気づいたのである．

顕微鏡が発達していない時代には細菌などには核がないと考えられていた．それがモネラに相当するかもしれないが，現在は否定され，細菌でも核膜という膜構造に包まれていないが，遺伝子の本体であるDNAが糸状のまま細胞内に裸出していることが明らかになっている．これらを原核細胞と呼び，細菌類やラン藻（ラン色細菌）類がこれに含まれる．そのために，細菌類とラン藻類は原核生物と呼ばれている．原核細胞は核膜はなくてもDNAがあり，呼吸系などのエネルギー生成系をもち，リボソームでタンパク質を合成し，分裂・増殖することができるので，生命の基本単位をもち，大きさから考えると，生命の最小単位ということができる．

これに対して，その他のすべての生物の細胞は核膜に包まれた核をもっており，その他さまざまな複雑な構造をもっている（図2.3）．これらの細胞を真核細胞といい，真核細胞からなる生物を真核生物と呼んでいる．真核生物には単細胞生物から多細胞生物まである．単細胞の真核生物は原核生物から進化したものと考えられるが，栄養摂取，物質代謝，老廃物の排出，生殖，運動など，生命の維持に必要なすべての活動を一つの細胞で行っている．さらに多細胞生物の細胞は細胞あるいは細胞群によって機能が分化し，群体，組織，器官などを形成し，それぞれ異なった機能をいとなむことにより，生物個体全体の特有の生命活動を可能にして，生命の維持あるいは種族の維持を図っている．

植物細胞と動物細胞

細胞にはいろいろなものがあり，複雑であることは上に述べた通りであるが，さらに植物と動物の細胞には大きな違いがある．生物を一見して，植物は

動かないもの，動物は動くもの，また，植物には感覚性がなく，動物にはある，といえそうである．確かに大きな間違いではなさそうである．事実，植物の細胞は固い細胞壁に囲まれ運動性がない．しかし，植物の精子の中には動くものがいるし，動物でも，ヒドラのような付着性の動物もいるし，イソギンチャク，フジツボ，カキなどのように，幼生時代には運動性があっても，親になって固着生活を始めると動けなくなるものがある．感覚性にしても，食虫植物のように，捕虫するときに感覚をもっているようにみえるものもある．植物と動物を分けるのはむずかしい．単純には，クロロフィルをもち光合成を行うものは植物，光合成を行うことができない生物は動物と考えられていた（二界説）．しかし，この説で植物に含まれていた菌類がクロロフィルを欠いていることから菌類を独立させ，植物・菌類・動物に分ける考えもある（三界説）．

しかし，分類学的には，単細胞で核膜をもたず，ミトコンドリアなどの細胞小器官をもたない原核生物（モネラ）と単細胞の原生動物や粘菌あるいは多細胞でも胞子をつくらず組織の分化がない藻類などは原生生物として上の三界とは区別すべきであるとする考えが受け入れられ，五界説と呼ばれている．つまり，生物の世界はそれほど区別しにくいということである．

植物と動物の大きな相違点をまとめてみよう．植物細胞は光合成のための葉緑体をもち，動物細胞はもたない点が最も重要な相違であろう．植物細胞は固い細胞壁をもち，体型を維持し，移動性がなく，液胞を形成して老廃物を貯蔵し，落葉することによって老廃物を処理していることは顕著な特徴である．動物は腎臓などの排出器官系を備え，運動のための繊毛や筋肉の発達あるいは柔軟性を与えるコラーゲンの生成などは運動性のある動物特有のものである．

生命は細胞の中にあり，その細胞は原核細胞から真核細胞へと進化し，さらに単細胞生物から多細胞生物への進化の途上で細胞分化（分業）が起こり，植物細胞と動物細胞とあるいは菌類細胞などにも分かれてきたようである．さらに生物種によって異なる個体の構成の差はすべて個々の細胞の分化の結果生じた細胞の大きな変化である．このような細胞あるいはその集団が生物特有の生きていくためのいわゆる生命活動を行っている．細胞が壊れると生きていけない．成長も増殖も起こらない．そこで生命は消える．

===== Tea Time =====

 **微生物の発見：レーウェンフック**

レーウェンフックは微生物学の始祖といわれている．微生物の発見を成し遂

げた彼の人生の中に，生物への限りない好奇心と研究への不撓不屈の精神をみることができる．レーウェンフックは1632年10月オランダのデルフト市でバスケットづくりの職人の子として生まれ，1723年8月デルフトで91年の生涯を終えている．幼少の頃から布地職人として苦労の連続であった．サージ布の商人の娘と結婚して家計を維持するのに精一杯であった．妻が早く亡くなり，1671年牧師の娘と再婚後つまり39歳になってから彼の科学活動が始まった．布を買いにくる呉服商が布の良否を調べるガラス玉が彼を驚かせた．細かい繊維がよく見えるのである．ガラス玉を磨けば今まで見えなかったものも見えるようになるかもしれない．それからレンズづくりが始まった．そこに彼の器用さ，正確さ，忍耐力が注がれた．できたレンズで単眼顕微鏡をつくり，それを唯一の武器として微小な世界の観察に明け暮れた．

　彼の単眼顕微鏡（拡大鏡）は17世紀末としか記録はないが，イギリスの物理学者フック（Hooke）の組合せ顕微鏡は1665年の著書『ミクログラフィア』に記載されているから，顕微鏡の作成は天才フックの方が早かった．好奇心から始まったレーウェンフックの研究は多くの友人に助けられたが，頼りはレンズという武器と的確な観察力だけであった．

　生物学を学んだこともなく，妻のすすめで好きなレンズ磨きから始めて，汚物の観察が楽しかった．そこには今まで見たこともない小さいものが動きひしめいていた．微生物から始まって脊椎動物の微小構造の観察まで，彼の観察は新しい発見と驚異の連続であった．そこで得た結論は動くものこそ生物であるという確信であった．1676年彼がイギリスの王立協会へ送った手紙は，微生物を見たこともなかった有識者たちを驚かし，センセイションを巻き起こした．1677年には精子も発見したが，彼の功績は微生物の発見だけでなく，当時まで信じられていた汚物から生物が生じるという自然発生説をくつがえす契機をつくったことであった．彼はダニ，シラミ，ノミなどの生活史を示して，動物の起源は有機物の腐敗や発酵であるとするアリストテレス学派の説を否定したが，微生物の自然発生説を否定することはできなかった．それは19世紀のパスツール（Pasteur）の研究を待たねばならなかった．

第 3 講

細胞は生きている

> ─ テーマ ─
> ◆ 細胞は生きるために何をしているか
> ◆ さまざまな細胞の生き方
> ◆ 細胞の環境認識
> ◆ 細胞内での情報伝達

細胞が生きるために

　細胞は生きる基本単位である．生命とはそして生きるとはどんなことかを述べた上で，細胞は生きていると述べた．しかし，それはやや抽象的だったように思える．各論に入る前に，ここで少し具体的に考察してみよう．

　生命の基本単位として生きている細胞は，物質代謝（物質の合成・分解）やエネルギー合成ができること，DNA の複製による遺伝性をもっていること，そして環境（刺激）に反応できることが必要である．これが生きていくための最低条件である．しかし，その方法は細胞の種類によってまちまちである．

　生物は眠っている時でも，低温の中で冬眠している時でも，雪に埋まって成長を停止している植物でも，単に生きていくために，つまり生命維持のためにもエネルギーを必要とする．エネルギーは蓄えてはおけないから，たえず合成しなければならない．エネルギー合成のためには，外から栄養を取り入れて，あるいは皮下脂肪や脂肪体などのような貯蔵養分を分解しなければならない．その時放出されるエネルギーを ATP（アデノシン-三リン酸）という化学エネルギーの形に変えて，これを直接のエネルギー源として利用する．エネルギー合成＝物質の分解であるから，エネルギー消費＝摂取養分あるいは貯蔵養分の消失である（図1.2）．皮下脂肪として皮下に栄養を蓄えて雪中で冬眠する哺乳類も，脂肪体として腹の中に蓄えて冬眠するカエルも，冬眠から覚める頃には痩せ衰えて貯蔵脂肪はなくなっている．

　このような生命維持の基盤となるものが DNA である．DNA は遺伝子の集団であり，総称してゲノムと呼ばれる．DNA は生物の種類によって異なり，

また同じ種類の中でも個体によって異なっている部分がある．遺伝子の発現によってつくられるタンパク質はエネルギー合成のための酵素でもあり，環境に適応する形態や構造をつくるタンパク質でもあり，機能するタンパク質でもある．だから細胞分裂によって成長や増殖する時には，あるいは種を維持し子孫をつくる時にも，すべての細胞に生命を与えるために，同じ遺伝子を倍加して遺伝性を維持し，生命の連続を図っている．その意味で，生命維持，生命の連続性のためにDNAは必要不可欠である．すべての細胞はこの必要要素を備えている．

細胞の成分や機能の違い

生命維持の必要条件はすべての細胞に共通であるが，生物によって，あるいは細胞種によって，細胞の構成成分や機能が異なっている．まず原核細胞と真核生物の主要な相違点からみてみよう．

大別すると表3.1のようなことがいえるが，細菌の中には，遠い進化の昔を偲ばせるような，真核生物にはみられない機能をもっているものがある．硫黄細菌や硝化細菌のように，硫化水素，硫黄，アンモニア，亜硝酸，水素などを酸化してエネルギーを獲得しているものや炭酸固定と窒素固定ができる細菌（ラン藻＝シアノバクテリア）もある．原核生物の中で特に古細菌と呼ばれるものは古代地球で繁栄したのであろうか，60～70℃の高温で生息する硫黄細菌，25～30％の高濃度の塩類の中で生育する高度好塩細菌，二酸化炭素をメタンに還元するメタン細菌など環境に適応して生きている生物がある．

多細胞生物の細胞はその役割によって多様に分化しているから，上に述べた違いとは異なった意味で大きな違いがある．特徴的な細胞について例をみると，血球，内分泌細胞，神経細胞，骨細胞などがある．哺乳類の成熟した赤血球は核を欠き，特有のヘモグロビンをもち酸素運搬の役目を担っている．内分泌細胞は固有の刺激にだけ反応してホルモンを合成・分泌する．神経細胞は長い特異な突起を伸ばし，興奮の伝導に役立っている．骨細胞は骨芽細胞の時期に分泌した骨基質の中に埋もれた細胞で，骨基質はリン酸カルシウムとコラーゲンが主体で体の形態の維持，Caの供給に役立っている．多細胞生物の細胞による機能の分業化が個体の生命維持に必要である．

このような細胞の違いは遺伝子の発現による細胞分化の違いによるもので，同一個体内で体内の位置の違い，細胞環境の違い，発生・成長途上での起源・由来の違いなどによって生じる特異的選択的遺伝子発現によるものである．その結果が同じ皮膚でも感覚器の部分や爪や毛髪の部分などの相違として現れる．この詳細については発生の巻で述べることにする．

表3.1 原核細胞と真核細胞の相違点

(構造)	原核細胞	真核細胞
細胞壁	ムラミン酸などのペプチドグリカン	植物：セルロースなどの多糖類 動物：なし
核膜	なし	あり
核小体（仁）	なし	あり
染色体	DNAの裸の糸	DNAがヒストン，プロタミンなどの塩基性タンパク質と結合
小胞体	なし	あり
ゴルジ体	なし	あり
ミトコンドリア	なし	あり
葉緑体	なし	植物：あり 動物：なし
中心体	なし	植物：なし（コケ・シダ・ソテツなどの精子をつくる細胞にはある） 動物：あり
リボソーム	あり（70S型）	あり（80S型）
微小管	なし	あり
微小繊維	なし	あり
鞭毛の成分	フラジェリン（タンパク質）	チューブリン（タンパク質）
(機能)	原核細胞	真核細胞
呼吸	細菌：細胞膜（メソゾーム） ラン藻：チラコイド膜	ミトコンドリア
光合成	光合成細菌：細胞膜 ラン藻：チラコイド膜	植物：葉緑体 動物：なし
光合成色素	光合成細菌：バクテリオクロロフィル	植物：クロロフィル
タンパク質合成	70Sリボソーム	80Sリボソーム
飲作用	なし	あり
食作用	なし	あり
アメーバ運動	なし	あり
原形質流動	なし	あり
生殖	無性生殖（分裂）	無性生殖，有性生殖

細胞の行動（環境認識と情報伝達）

　細胞の運動または移動は鞭毛や繊毛の運動で行われるが，鞭毛や繊毛の成分は原核細胞ではフラジェリンタンパク質であり，真核細胞の成分はチューブリンタンパク質からなる微小管である．また，仮足を出して行うアメーバ運動はゾル–ゲル転換とアクチン–ミオシン系の収縮タンパク質である微小繊維によって行われるが，原核細胞はアメーバ運動を行わない．

　細胞の運動は何を指標に一定の方向に動くのであろうか．もちろん，環境を識別して移動するが，環境の知覚部位は共通して細胞表面である．単細胞生物は光，物質，振動，重力などを知覚して鞭毛や繊毛で正あるいは負の方向へ移

動するが，多細胞生物の細胞も鞭毛や繊毛で動く場合もあるが，主として細胞膜の受容体タンパク質で感知して情報に応じて移動する場合と，この刺激を細胞内に伝え，さらに細胞内情報伝達系を経て核に情報を伝え，核の情報発現の結果が再び細胞膜に伝えられて移動の方向性を決めてから動く場合がある．この時，細胞の接着因子，細胞外基質などが重要な役割を果たす．この運動はアメーバ運動や仮足の形成あるいは細胞の形態変化によって起こる．このような形態変化については第10講，第13講で章を改めて述べる．

═══════════════Tea Time═══════════════

 ゾウリムシの繊毛運動

　ゾウリムシは図3.1のような構造をした単細胞生物である．淡水中で生息しているので，細胞膜を通して浸入する水分を除去するために2個の収縮胞が発達している．中心に丸い袋があり，その周りに多くの伸縮自在の突起が細胞質中に伸び，たえず水分や老廃物を吸収し，中央の袋の中に捨てる．袋は大きくなると，細胞膜に接して食作用の逆の方法で体外に捨てる．

　運動や移動は体表を覆う無数の繊毛の運動によって回転しながら前へ進む．

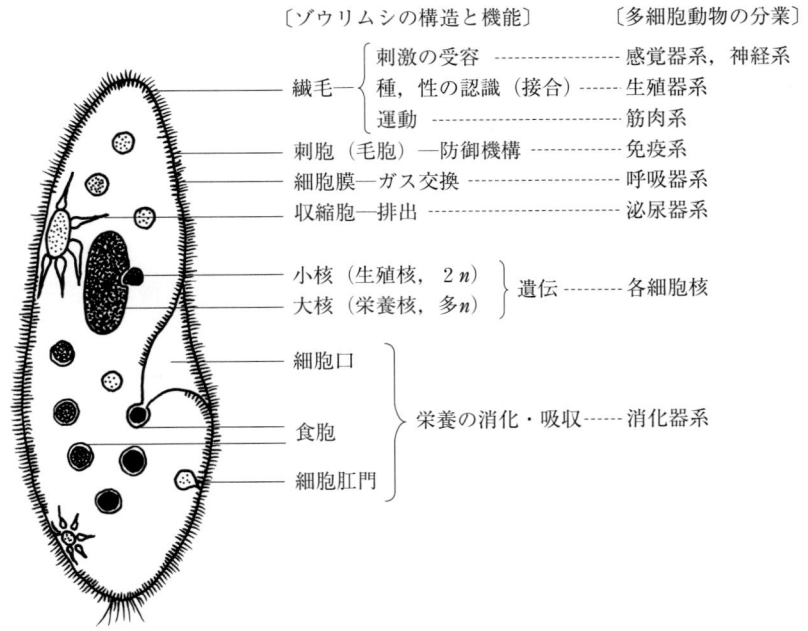

図3.1 単細胞動物と多細胞動物の機能とその分業
ゾウリムシはミトコンドリア，リボソーム，微小管などもあり，循環器系の機能などは細胞質が行っている．

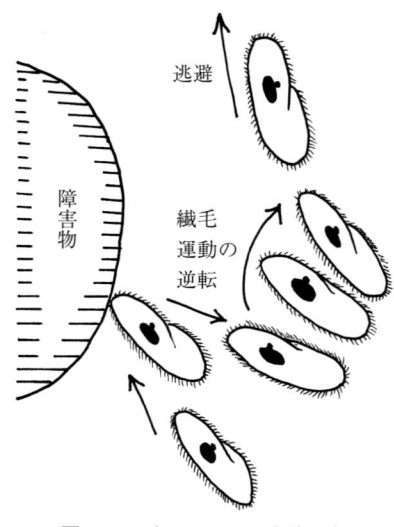

図3.2 ゾウリムシの逃避反応
（繊毛運動の逆転による）

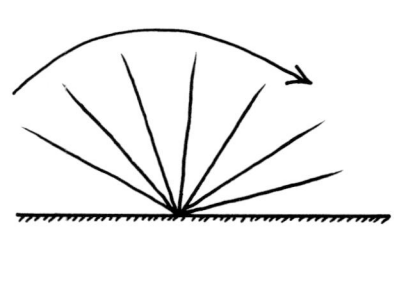

図3.3 繊毛運動（上：有効打，下：回復打，矢印は繊毛運動の方向）

　この繊毛は互いに連絡があり連動して動く．普通，運動は一方向で，繊毛運動は同調して起こり，繊毛運動の逆転は遺伝子に支配されたCa濃度による細胞膜の膜電位の変化によるものと考えられている．ゾウリムシは不適当な温度や有害な薬物あるいは固体のような障害物に出合うと，そこで左右に方向を変えて前進するのではなくて，繊毛運動の方向を逆転させて後退し，その後で方向を変えて前進する（図3.2）．これを逃避反応と呼んでいる．逃避反応のできない突然変異体も多く見いだされている．

　繊毛運動は繊毛打と呼ばれ，有効打と回復打を毎秒数回から数十回の頻度で繰り返すことによって行われる．繊毛打は水泳のクロールに似て水をかく手の運動と手を元に戻す運動の組合せである（図3.3）．高濃度のNaや障害物に出合うと膜電位の変化によって細胞膜のCaチャネル（流入口）が開き，細胞内のCa濃度の上昇によって繊毛運動が逆転し，ゾウリムシは後退し逃避反応を行う．

第4講

細胞の物質成分：
酵素・ビタミン・ミネラル

テーマ
◆ 細胞の中の液性成分
◆ 細胞の中に溶けているものは何をするか
◆ 酵素，ビタミン，ミネラルのはたらき

細胞質基質

　細胞の中には，細胞小器官をはじめいろいろな構造をもったもの（基本的に電子顕微鏡で見える）や細胞の中に溶けたものなどがぎっしり詰まっている．ここでは，核やミトコンドリアのような細胞小器官を除いた電子顕微鏡でさえどんな方向からでも見えないような無構造の部分がどのような役に立っているのかを考えてみよう．これらは核を除く細胞小器官や細胞膜を含めて細胞質と呼ばれ，無構造の部分を細胞質基質という．また，核を含めて細胞の生命活動を行うすべての部分を総称して原形質と呼ばれる．しかし，現在では，細胞質と原形質の語はあまり厳密に区別しないで用いられることが多い．細胞壁などは後形質と呼ばれ細胞質には含めない．

　無構造の細胞質基質には細胞小器官などが分布し，細胞骨格と呼ばれる繊維状構造が網目のようなネットワークを形成し，単に小器官の間を埋める液体ではない（図 4.1）．さまざまな酵素やタンパク質が溶けていて，細胞質での物質代謝をスムースに行わせるのに役立っている．たとえば，細胞小器官に含まれる鞭毛や繊毛あるいは微小管や微小繊維のもとになるチューブリンやアクチンなどのタンパク質が溶けていて微小管などが伸長したり繊毛の形成などの時，重合して繊維状構造をつくる．そのほか，エネルギー源になったり細胞内情報伝達に役立つ脂質や糖類，あるいはホルモン，ビタミン，ミネラルなどがあり，円滑な生命活動に欠かせない．このような物質はさまざまな物質代謝を行い，細胞の機能をいとなむのに役立っているが，細胞質基質の構造の中でネットワークを形成し，細胞小器官との連携を保つことによって，さまざまな反応が秩序正しく行われている．

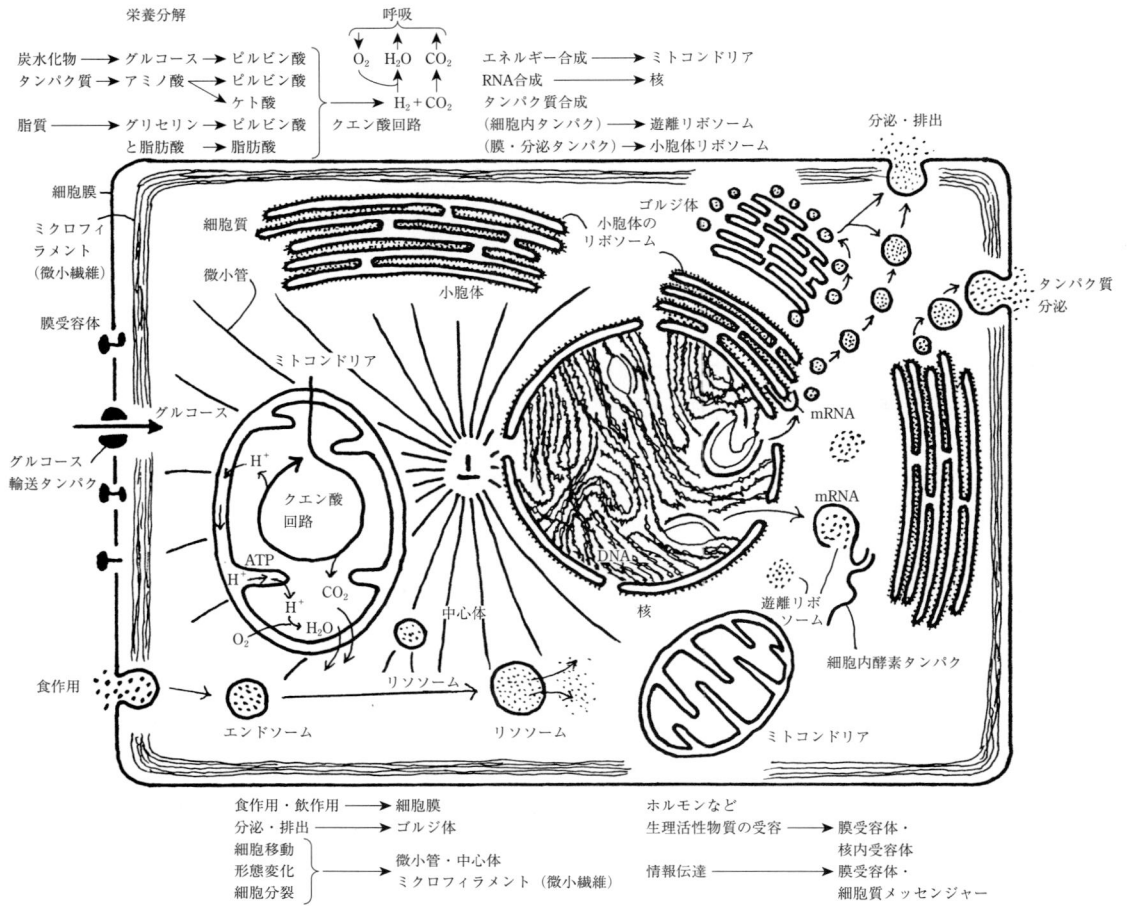

図4.1 細胞内ネットワーク
細胞膜や細胞小器官の生体膜は脂質二重層であるが，ここでは省略してある．

　ここで特記しておかなければならないことがある．これらの細胞成分はそれぞれの細胞によって含有量が異なっていることである．それにはさまざまな機構があって，その原因・理由は違う．細胞によっては細胞自身が合成するために含有量が多い場合もあるが，多くは透過性の大小，受容体または結合タンパク質の存否あるいは量の差などによるものである．細胞内に多量の結合タンパク質をもっていて多量の有用成分を取り入れたり，細胞表面に受容体タンパク質があり，選択的に特別な成分（たとえばホルモン）だけを取り入れたりする仕組みがそれぞれの細胞に備わっていることを念頭におくことが重要である．

酵　　素

　酵素はすべてタンパク質で，細胞で起こる化学反応の速度，方向などを調整

している．つまり，細胞内（生体内：血液などにもある）触媒である．したがって，遺伝子の情報発現によって合成されるもので，細胞によってその量も種類も違い，物質代謝を左右することになるから細胞の機能も違ってくる．特に，解糖系の諸酵素は細胞質基質に溶けているから糖新生の盛んな細胞や呼吸の盛んな細胞では，それに対応できる酵素量あるいは高い酵素活性が必要である（第5講）．

酵素にはタンパク質だけで触媒作用をするものと補助的な結合物質の存在が必要な酵素がある．この結合物質を補酵素（助酵素，補欠分子団）という．これにはヌクレオチド（核酸の一種），ビタミン，金属分子などがあり，それがタンパク質（酵素）に結合していることで触媒作用が可能になるものがある（図4.2）．

酵素はタンパク質であるために，環境に影響を受けやすい．たとえば，温度，pH（水素イオン濃度：酸性か塩基性か），作用物質の濃度などがある．特に酵素は基質特異性（反応特異性）が高く，1つの作用物質としか結合しない．つまり，1つの反応にしか関与しない．1つの酵素タンパク質はその構造のために一つの作用物質（基質）としか結合できなくて，その基質を特定の物質に変える1つの反応だけを促進することができる．これを酵素の基質特異性（反応特異性）という．

酵素にはいろいろな種類があり，反応形式が違う．それには

1) 酸化還元酵素：オキシドレダクターゼ，脱水素酵素のように水素をとったり，酸素を付加したりする酵素

2) 転移酵素：トランスフェラーゼ，メチル基のような特定の基を他の化合物に転移させる酵素

3) 加水分解酵素：ヒドロラーゼ，水（HOとH）が加わることによって物質を2つの物質に分解する酵素

4) 脱離酵素：リアーゼ，特定の基を脱離したり，二重結合へ付加したりする酵素

5) 異性化酵素：イソメラーゼ，分子内で特定の基が転位して立体配置を変

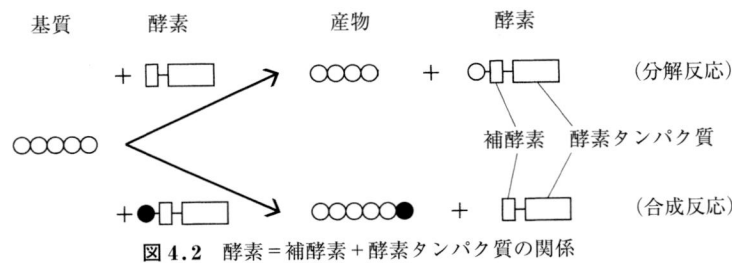

図4.2 酵素＝補酵素＋酵素タンパク質の関係

表4.1 ミネラルの機能

カルシウム	骨と歯の形成，止血作用，情報伝達物質	ヨード	甲状腺ホルモンの成分
マグネシウム	酵素の成分，欠乏で神経的障害	フッ素	歯などの成分の維持
ナトリウム	体液の平衡，神経と筋肉の機能に関与	亜鉛	酵素の成分，味覚と嗅覚の形成
カリウム	体液の平衡，神経と筋肉の機能に関与	セレニウム	酵素の成分，ビタミンE
リン	骨と歯の形成，酸塩基平衡，補酵素の成分	銅	酵素の成分
		コバルト	ビタミンB_{12}の成分
		クロム	糖の代謝に関与
硫黄	軟骨，腱，タンパク質の成分	マンガン，モリブデン	酵素の成分
塩素	酸塩基平衡，胃液の成分		
鉄	ヘモグロビンと酵素の成分		

える酵素

6) 合成酵素：リガーゼ，ATPなどの分解によって得られるエネルギーを利用して物質を合成する酵素

などがある．これらはさらに細分されるが，酵素が関与する反応については後のさまざまな物質代謝ででくわすことになる（図4.3）．

細胞内あるいは生体内で起こるほとんどすべての化学反応は自動的に起こる一部の例外を除いて酵素の触媒作用によって起こる．酵素は細胞内で細胞膜や細胞小器官などに結合しているか，細胞内あるいは細胞小器官の基質に溶けて存在しているが，酵素は強い基質特異性をもっていて，特定の物質にしか反応しないから，発酵とか物質合成のように化学反応が連続して起こる場合には規

1) A → B + C

酵素X
(+ H_2O = OH^- + H^+)

2) D + E → F

酵素Y
+ H_2O

3) 分子伸長 (G·G·G·G·G + G → G·G·G·G·G·G)

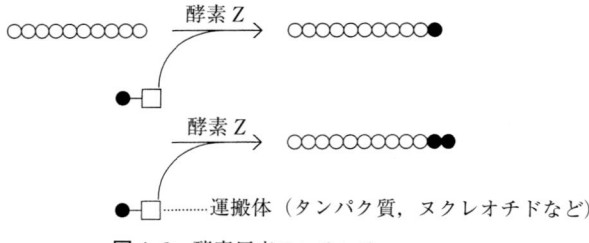

図4.3 酵素反応のいろいろ

則正しく連携して起こる．

ビタミン

　生物が生きていく上で正常な機能を営むためには微量であるが必要であるのに，自分では合成できずに，他の動植物から摂取しなければならない栄養素がある．このような有機化合物をビタミンという．ビタミンといって特に留意しなければならない3点がある．第一に，ビタミンは微量ではあるが，さまざまな反応や現象に関与し，不足するとビタミン欠乏症を起こす．ビタミンA欠乏による夜盲症，ビタミンB_1欠乏による脚気，ビタミンC欠乏による壊血病など周知のことである．最近は栄養素として必要な物質が多く見いだされ，アルファベットをつけた呼び名を用いないことが多くなった．ビタミンB_1もその例で，むしろチアミンと呼ばれる方が多い．第二に，ビタミンの多くが酵素の補酵素として機能していることである．つまり，補酵素となるビタミンがないと，酵素が物質代謝の反応を触媒することができないのである．その主要なものがビタミンB群である．後で触れることになるが，チアミン，リボフラビン，ナイアシン，パントテン酸，ビオチンなどである．

　第三に，ビタミンはどんな生物にも同様に必要であるとは限らないことである．一般に微生物や植物は他の動物でビタミンと呼ばれる物質でも自分で合成できるので，栄養として外から取り入れることを必要としないが，細菌類や菌類は種によって種々のビタミンを必要とする．哺乳類の間でも同様のことがみられ，たとえば，アスコルビン酸（ビタミンC）はヒト，サル，テンジクネズミでは合成できないのでビタミンとして他から摂取しないと欠乏症を引き起こす．アスコルビン酸はコラーゲンの合成に必要で，免疫活性化にも関係し，壊血病になる．しかし，ネズミ，イヌ，ウサギなどは体内で合成することができ，ビタミンとして摂取する必要がない．

　ビタミンには水溶性ビタミンと脂溶性ビタミンがあり，前者にはビタミンB群とアスコルビン酸があり，後者にはビタミンA，D，E，Kなどがある．ビタミンA，B群，Dなどは多くの動物に含まれているが，他のビタミンの多くは植物に多く含まれる．しかし，動物に多く含まれるビタミンでも元をたどれば植物から取り入れた物質からの合成であり，植物は栄養源として欠かせない．

ミネラル

　生物の構成要素として不可欠の元素のうち，C，H，Oの3元素を除いた無機要素をミネラルと呼んでいる．ミネラルは細胞の構成要素として重要である

だけでなく，種々の生命現象に不可欠の物質で，これらも他の動物，植物から摂取しなければならない．ミネラルが関与する現象を扱う際に，その作用などを述べることになるので，ここでは主なミネラルの名前とその主要な機能を述べるに止める．

表 4.1 にあげたミネラルは主にヒトにとって必要不可欠なミネラルであり，ヒトのからだでの機能をあげたので，微量ではあるが，細胞の生命維持のために，他の動物，植物から取り入れなければならない細胞成分である．

═══════════════Tea Time═══════════════

 **酵素の発見**

19 世紀，発酵は純粋な化学反応か（リービッヒ，Liebig）微生物の生命力によるものか（パスツール，Pasteur）という論争の中で，ドイツのブフナー（Buchner）は「アルコール発酵で酵母は生きている必要があるのか」の一点に関心をもった．1893 年，ブフナーは兄の助言を得て酵母から発酵物質を抽出しようと企てた．酵母をすりつぶし，これに強力な圧力をかけて，1kg から 0.5 リットルの圧縮液を得ることができた．これをどう処理したらいいのか，具体策がないまま防腐剤として濃い蔗糖液を加えて保存した．

1896 年，蔗糖と酵母液の混合液が盛んにガスを発生していることに気が付いた．それは CO_2 ガスの発生である．アルコール発酵が起こったと気が付き，研究に拍車がかかった．1897 年，「無細胞系によるアルコール発酵」について 3 つの論文を発表した．その後アルコールやエーテル，アセトンなどで酵母抽出液を粉末にして酵母は死んで細胞はなくも発酵が起こること，しかし，加熱すると効力を失うこと，酵母抽出液は酵素の混合液であることなどがわかった．1903 年には発酵液にチマーゼ（zymase）という名をつけて膨大な論文をまとめた．従来考えられていたような，細胞外でもはたらく可溶性酵素（enzyme）と細胞と切り離せない発酵素（ferment）との区別をなくしてチマーゼと呼んだのである．ブフナーは 1907 年には無細胞系での発酵の発見によってノーベル賞に輝いた．

活動家のブフナーは第 1 次世界大戦に従軍して 1917 年 57 歳の若さで戦死するが，酵素の研究に新しい時代をつくった彼の発見は彼の活動力と豊かな創造力によるものである．

第 5 講

細胞膜と細胞質の代謝系

―― テーマ ――
- ◆ 細胞膜のはたらき
- ◆ 膜輸送：能動輸送と受動輸送
- ◆ 細胞質基質での物質代謝

細 胞 膜

　細胞膜は生きているからだの成分を混合しないように仕切りをつくり最小単位の細胞にわける重要なはたらきがあるが，細胞はそれほど単純ではない．細胞膜は脂質二重層あるいは生体膜と呼ばれ，脂質（グリセリンに長い鎖状の脂肪酸その他の脂肪成分が結合したもの），特に燐脂質が親水性のグリセリンを外側に，疎水性の脂肪酸を内側にして向かい合うような2枚の膜を形成し，細胞内へは特定の物質しか通過させない．脂質でできているから水溶性の物質が通りにくいのは当然であるが，選択的に特定の物質だけを通過させるしくみは細胞膜の間に分布するタンパク質がその重責を担っている．つまり，細胞膜は脂質とタンパク質でできているが，これらの個々の分子は互いに結合することなく，疎水基と親水基が互いの親和性で集まっているだけで，脂質の分子膜の中にタンパク質がモザイク状に組み込まれ流動性をもって分布していると考えられ，流動モザイク説が信じられている（図 5.1）．

　細胞膜に分布しているタンパク質には，細胞内の細胞骨格や細胞外の細胞外基質と結合するもの，隣接する細胞どうしを結合させるもの，細胞間の物質の移動をするもの，特定の物質を膜越しに輸送する（細胞外から内へまた細胞内から外へ）もの，膜と結びついた反応を触媒するもの，細胞外の化学シグナルを受け取って細胞内へ伝達するもの（受容体）などさまざまなタンパク質があるから，細胞膜は細胞の生命活動にとってきわめて重要である．細胞膜の崩壊は細胞の機能を失うことになり細胞の死につながることになる．

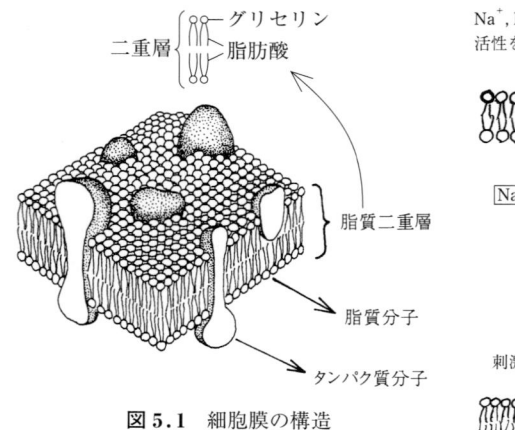

図 5.1　細胞膜の構造

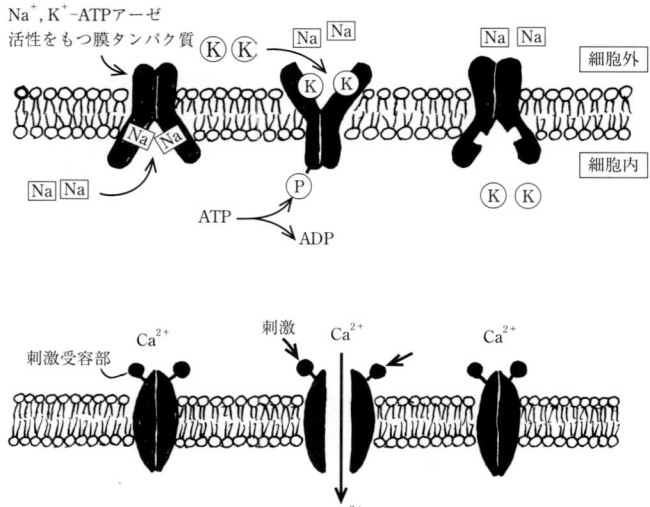

図 5.2　イオンポンプ（上）とイオンチャネル（下）の模式図（説明本文）

膜の透過性

　細胞膜は脂質二重層であるから，脂肪の小粒のような脂質溶性の物質は膜を通過しやすいが，他の栄養源である糖類やタンパク質類は細胞外でブドウ糖などの単糖類やアミノ酸に分解（消化）された後でも膜を通過しにくい．ナトリウムやカリウムのようなイオンでさえ簡単には膜を通過できない．

　イオンの膜通過にはイオンポンプとイオンチャネルのタンパク質がはたらいていることが知られている（図5.2）．いずれも膜貫通タンパク質で，イオンポンプはイオンの濃度勾配に逆らってイオンを膜内外に輸送するもので，ATPのエネルギーを必要とする．いわゆる能動輸送と呼ばれる方法である．イオンポンプには，ナトリウムポンプ，カルシウムポンプ，プロトンポンプ，塩素イオンポンプなどが知られている．ナトリウムポンプはATPのエネルギーを使って細胞内のナトリウムを細胞外に追い出しカリウムを細胞内に取り込むので，細胞内のカリウムイオンは細胞外の体液よりも濃い濃度に保たれている．ナトリウムの濃度はその逆である．このポンプの実体は酵素タンパク質で，ナトリウム-カリウムATPアーゼという酵素がATPを分解してそのエネルギーで細胞内のNaイオンを追い出し，Kイオンを細胞内に取り込む．

　ブドウ糖やアミノ酸も濃度に逆らって取り込むことができ，エネルギーを消費する能動輸送をすることができるが，これを運ぶ膜タンパク質は輸送タンパク質と呼ばれ，たとえば，ブドウ糖（グルコース）を取り込むタンパク質はグ

ルコーストランスポーターと呼ばれている．

イオンチャネルは電気的な刺激や化学的刺激によって制御され開いたり閉じたりする細胞膜の孔で，やはり膜貫通タンパク質でできている．イオンは通常濃度の濃い方から薄い方へ移動し，ATPなどのエネルギーを必要としない受動輸送である．多くのチャネルが知られているが，代表的なものに，ナトリウムチャネル，カリウムチャネル，カルシウムチャネル，塩素イオンチャネルなどがある．

たとえば，神経に刺激が加わると，神経の軸索突起の細胞膜のナトリウムチャネルが開き，一時的にNaイオンが細胞内に流入することによって興奮（実態は脱分極による活動電位の発生）が生じ，これが次々と伝えられるのが神経の興奮伝導である（第18講）．軸索突起の終末部分にあるシナプスが興奮を伝えるのは興奮によってシナプスの細胞膜のカルシウムチャネルが開きCaイオンの細胞内流入によって神経伝達物質が分泌されることによる．筋肉が収縮するのも筋肉細胞のカルシウムチャネルが開き，カルシウムが細胞内に流入し，筋肉細胞のカルシウム濃度が上昇することによるものである（第19講）．

膜 受 容 体

細胞は隣接する細胞からの情報や血液によって運ばれてくるホルモンなどの情報あるいは細胞を囲む結合組織からの情報などいろいろな情報に反応しなければならない．この情報を受け取るのは細胞表面の細胞膜にある受容体タンパク質である．受容体は情報を受け取って細胞内に伝え，さらに細胞内情報伝達機構を経て核に情報を伝え，細胞が対応する反応を起こす，あるいは活動するために，対応できる遺伝子の発現へと導かなくてはならない．しかし，前述のように，すべての細胞が同じようにすべての情報を感知できるわけではない．細胞にはその機能に応じてその細胞固有の受容体をもっており，からだを構成する細胞によって役割を分担しているのである．

たとえば，からだ全体にくまなくゆきわたっている血管はホルモンを運び，からだ全般にゆきわたるが，特定の器官だけがホルモンを受容し機能する．それは特定のホルモンの受容体をもっている細胞で構成される器官だけがホルモンに反応できるのであり，特定のホルモン受容体をもたない細胞は何の影響も受けないし，反応もしない．もちろん，ホルモンの種類によっても受容体が異なり，特定のホルモンを受容する特定の細胞だけが反応するので，ホルモンの種類によって反応する器官も異なっている．細胞が情報に対して反応するか否かは細胞に受容体があるかないかに依存する．

神経からの神経伝達物質（ノルエピネフリン，アセチルコリンなど）の情報

のように急速な伝達を必要とする場合には前述のようにナトリウムポンプやイオンチャネルのような特殊な機構が役立っているが，多くの場合は細胞膜上の膜受容体が主役になる．

細胞膜には数多くの受容体があるわけであるが，それらには，各個のタンパク質性ホルモンに対応するホルモン受容体，隣り合う細胞どうしで対応する結合因子（カドヘリン，N-CAMなど），細胞から送られる成長因子（EGF, FGFなど）やサイトカイン（インターロイキン，インターフェロンなど）に反応する受容体，結合組織などの細胞の間にある細胞外基質（コラーゲン，フィブロネクチン，ラミニンなど）と結合する受容体などがある．細胞外基質の情報を受容する受容体には，マクロファージやリンパ球のような細胞によっても異なった受容体があり，総称してインテグリンと呼ばれる（第10講）．

これらの受容体はすべて結合タンパク質であり，情報物質と結合することで情報を認知する．これらの情報は細胞膜の内側の情報伝達機構によって細胞内に伝えられ，細胞質基質の代謝系を活性化し，さらには細胞内の情報輸送によって核に伝えられる．

細胞質基質の物質代謝

細胞は細胞膜の内側に核や細胞小器官や細胞骨格などさまざまな構造物の他に，固形の顆粒，油滴や可溶性の無構造の細胞質基質などから成り立っている．多くの細胞小器官はそれぞれ固有の機能をもち，物質代謝の中枢的な役割を果たしているが，それらはすべて細胞質基質での物質代謝つまり物質変換と密接な連携を保っている．というのは消化・吸収によって細胞の中に取り入れられた物質はそのまま細胞小器官に取り入れられて利用されることはなく，それぞれ一定の代謝過程を経て物質転換を受けてから細胞小器官に取り入れられる．実は細胞小器官を構成する膜は細胞膜と同じ生体膜として脂質二重層でできているからである．したがって，細胞内に取り入れられたすべての物質は細胞質基質での代謝によって生体膜に取り入れやすい形に変換された後で細胞小器官に取り入れられ，必要に応じてさらにいろいろな物質に変換されたり，合成されたり，エネルギー合成のために分解されたりするのである（図5.3）．

たとえば，糖類は消化によって単糖類に分解された後で吸収されるが，動物では肝臓に運ばれて，そこでグルコースなどは再合成されてグリコーゲンになる．植物では光合成で二酸化炭素と水から澱粉が合成される．グリコーゲンは必要に応じて分解され，グルコースの形で血中に出て運ばれ，細胞に吸収されてエネルギー合成や他の構成成分に変換され，余分なものはグリコーゲンに再合成されたり脂肪に転換されて蓄えられる．

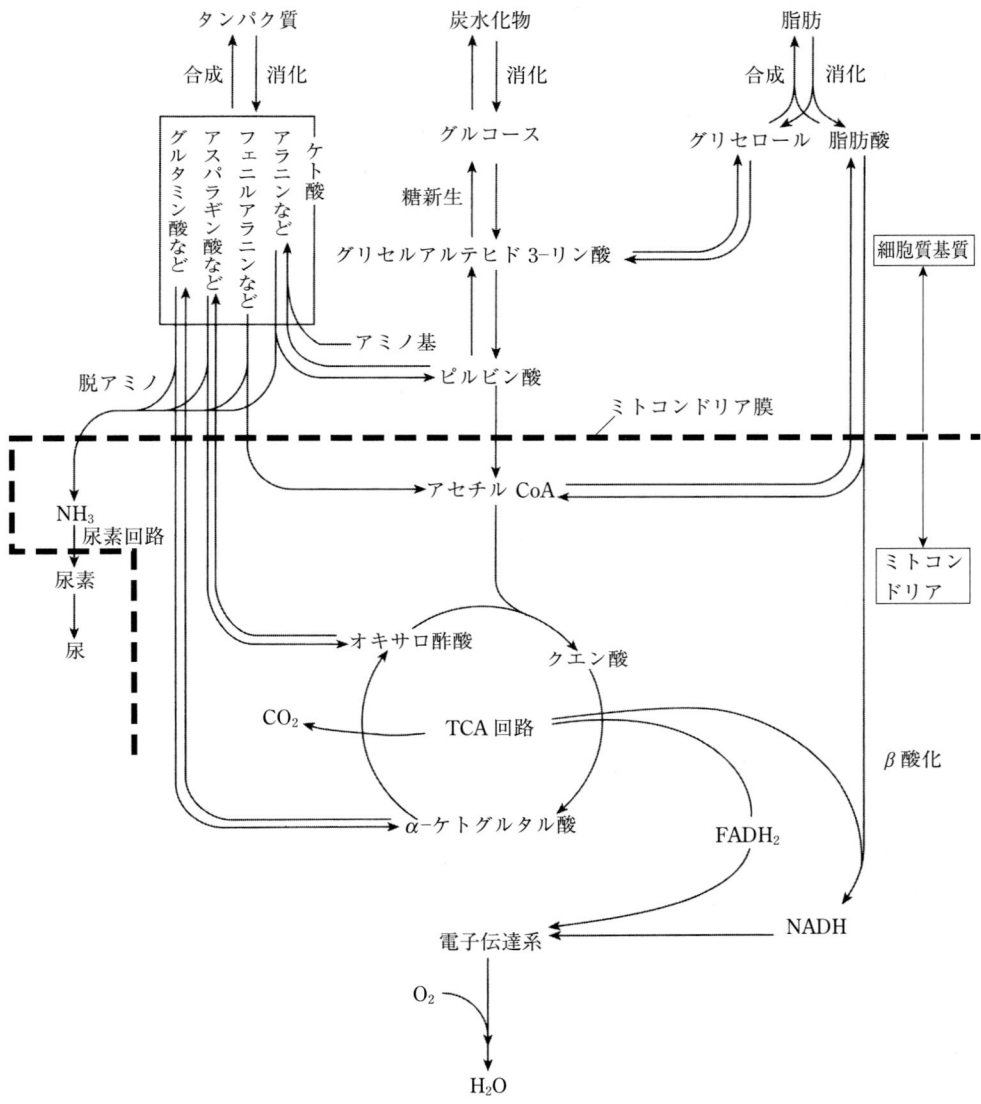

図 5.3 タンパク質，炭水化物，脂肪の代謝と細胞質基質とミトコンドリアとの関係

　細胞内に入ったグルコースは微生物が行う発酵と同じ過程を経てピルビン酸に変換される．この過程を解糖（系）と呼んでいる．ピルビン酸になるとミトコンドリアの中に入ることができる．グリコーゲンやグルコースがピルビン酸になるまでには10個を超える中間産物があり，一つ一つの反応にはそれぞれ酵素が関与しているから，多くの物質や酵素が細胞質基質に含まれていることになる．しかし，酸素があるとピルビン酸になるが，酸素がないと乳酸になってしまう（乳酸菌による乳酸発酵と同じ）．したがって，解糖系での糖の分解は酸素がなくて進行するのが特徴で，筋肉や胎児の組織のような酸素の不十分

な細胞で活発である（第19講）．動物では解糖系の逆のグリコーゲンやグルコースの合成も，核酸の材料となる五炭糖リン酸の合成や糖類間の相互転換も細胞質基質で行われる．

　脂質はリパーゼやホスホリパーゼで分解されて脂肪酸に助酵素（CoA）が結合した形でミトコンドリアに入ったり小胞体で変換されたりする．また，脂肪酸の合成も動物では細胞質基質で行われる．しかし，リノール酸，リノレン酸，アラキドン酸は合成できないので，植物から摂取し必須脂肪酸と呼ばれる．

　タンパク質は酵素をはじめ多くのタンパク質が細胞質基質に含まれているが，その材料となるアミノ酸も含まれている．必須アミノ酸と呼ばれるバリン，ロイシン，リシン，トリプトファンなど8種のアミノ酸は合成できなくて，植物から摂取するが，その他のアミノ酸はグルタミンを介してアミノ基の転移などで合成される．これらのアミノ酸はリボソームでタンパク質に合成される．しかし，クレアチン（燐原質の1つ）やオルニチン（尿素回路の一員）などのタンパク質を構成しないタンパク質も細胞質基質に含まれている．

━━━━━━━━━━━━━━Tea Time━━━━━━━━━━━━━━

グルコースの一方的輸送（図5.4）

　小腸の上皮細胞は腸の中に入り消化されたグルコースを能動輸送によって取り込んでいるが，このグルコースは上皮細胞のさらに内側にある血管に渡さなければならないから，逆行して腸管に戻ってしまわないように，一方的に腸管から上皮細胞を経て血管に受け渡すように，グルコースは単に上皮細胞を通過するようなしくみがある．

　グルコースはNaイオンがないと吸収されない．小腸の上皮細胞には，腸管内腔に面した細胞膜と内面の血管に面した細胞膜があり，異なった輸送タンパク質が分布している．腸管内腔に面した細胞膜上のグルコース輸送タンパク質はNaイオンとも結合するタンパク質でATPのエネルギーを使って能動輸送（グルコース濃度に逆らって）によってグルコースを細胞内に取り込む．この時Naイオンも一緒に取り込まれる．しかし，このNaイオンは内腔に面した細胞膜上にあるナトリウムポンプによって細胞外に追い出されKイオンが取り入れられるので，細胞内のNaイオン濃度は低く保たれてグルコースの能動輸送を可能にしている．

　小腸の血管側に面した上皮細胞の細胞膜上にある別のグルコース輸送タンパク質は受動輸送によって濃い細胞内グルコースを血管に渡す拡散の力を促進し

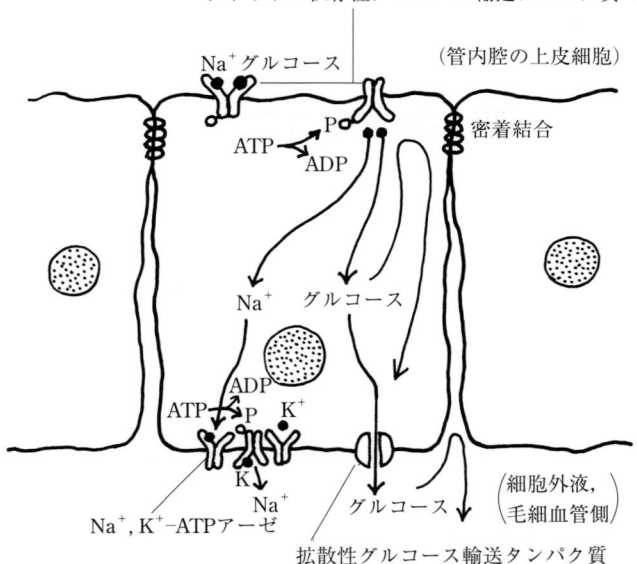

図 5.4 グルコースの一方向的細胞内移動

ている．
　このような輸送形式はいろいろな細胞でみられ，特に腸の吸収や腎臓の再吸収などの際に同じ方法でグルコースやアミノ酸を細胞内への吸収や血管内への再吸収を行っている．

第6講

細胞小器官のはたらき

テーマ
- ◆ 細胞小器官とはどんなものか
- ◆ 細胞小器官は何をしているか
- ◆ 細胞小器官と細胞質基質との連携

細胞小器官とは

　細胞の中には何があるのか．細胞が生きてゆくためには，細胞はすべての部分が協力して総力をあげて機能を発揮し生命活動を完遂しなければならない．そのためには，細胞質基質とその中に分布する核，ミトコンドリア，粗面小胞体，滑面小胞体，ゴルジ体，中心体，リソソーム（植物には葉緑体などもある）などが分業して機能を営み，一体となって細胞の生命活動を行っている．このような細胞内の分業的構造を細胞小器官（オルガネラ）という．もともとゾウリムシなどの単細胞動物の核や収縮胞などの細胞内の構造につけられていた名称であったが，今ではすべての細胞内の構造に使われるようになった（図2.3，図3.1）．

細胞小器官の機能

　1）　核：細胞の遺伝子の貯蔵庫で，細胞分裂による増殖，種（遺伝子）を次代に伝え，体の成長あるいは発生の際の遺伝子発現，機能発揮のための遺伝子発現などを行う（第7講）．

　2）　ミトコンドリア：細胞内呼吸の中心となり，エネルギーの合成小器官である．炭水化物，脂質，タンパク質などのエネルギー源となる物質を，細胞質基質で，ある程度分解してから，ミトコンドリアに取り入れ，それを酸化（脱水素して酸素を取り入れ）して水と二酸化炭素に変える際にエネルギー（ATP）を合成する．ミトコンドリアは増殖のために固有の遺伝子をもっている（第9講）．

　3）　葉緑体：植物だけが可能なエネルギー合成小器官である．太陽のエネル

ギーと二酸化炭素を吸収して水を分解し，エネルギー（ATP）を合成して酸素を放出する．このエネルギーを使ってグルコースや澱粉などの炭水化物を合成する．葉緑体も固有の遺伝子をもっている．

　4）　粗面小胞体：リボソームが結合した扁平な空胞状あるいは層状の構造体で，分泌タンパク質や膜タンパク質などを合成し，さらに高次構造を形成したり，糖類を付加して糖タンパク質を合成したりする．合成されたタンパク質はゴルジ体によって輸送されて分泌されたり，膜形成に利用される（図4.1，第8講）．

　5）　滑面小胞体：脂質，リン脂質，コレステロールなどを合成し，大部分は生体膜の構成成分となる．またCaを蓄えて必要なとき細胞質に放出してCa調節を行ったり，代謝酵素をもち，物質代謝にも関与する．

　6）　リボソーム：リボソームRNA（rRNA）とリボソームタンパク質の複合体で，結合型と遊離型とがあり，タンパク質合成（翻訳）の場である．結合型は前述の小胞体（粗面小胞体）に結合するもので，分泌タンパク質，膜タンパク質などを合成する．遊離型は細胞質基質に顆粒状で散在し，翻訳の際に情報RNA（mRNA）と結合して（ポリソーム形成）タンパク質合成をするのは結合型と同様で，酵素などの細胞質タンパク質を合成するのが特徴である（第8講）．

　7）　ゴルジ体：扁平な管状あるいは層状の構造体で，小胞体で合成されたタンパク質を細胞膜やリソソームなどに輸送する細胞内輸送小器官である（図4.1）．

　8）　リソソーム：細胞内で物質の消化作用を行う小胞で，酸性ホスファターゼなど多数の酸性加水分解酵素（pH5近くが最適pHの酵素）を含んでいる．加水分解酵素を含んだ小胞（一次リソソーム）は細胞が食作用で取り込んだ食胞と融合し（二次リソソーム），消化作用を行う（図4.1）．

細胞質基質との連携

　ミトコンドリアなどは細胞全体に分布していて，栄養素は細胞質基質でミトコンドリアに入れる分子にまで分解され，その後の代謝はミトコンドリアに任されるので，栄養素の分解（たとえば，グリコーゲンの二酸化炭素と水への分解）は細胞質基質とミトコンドリアが共存しないと進行しない（第5講）．

　しかし，酵素のようなタンパク質は，細胞質基質に散在しているわけではない．タンパク質はアミノ酸が並んで高分子になっているが，それぞれのタンパク質には，このアミノ酸の配列の中に選別シグナル（シグナルペプチド）という特別な配列があって，この配列に従って，それぞれ定められた場所へ移動す

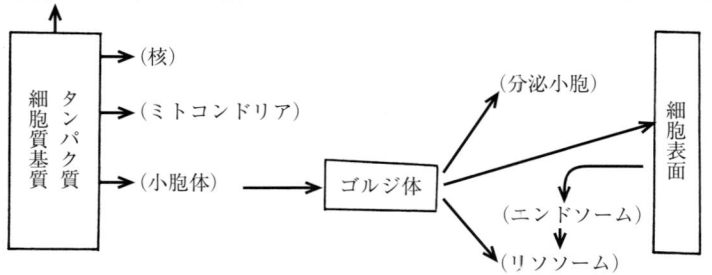

図6.1　タンパク質の細胞内移動・分布

タンパク質の一部のアミノ酸配列にシグナルペプチドやシグナルパッチと呼ばれる特殊なアミノ酸配列の部分があり，そのシグナルを選別して細胞小器官や細胞表面に移動する．

る（図6.1）．

　核やゴルジ体，小胞体，小胞などの細胞内での位置や移動はどうなるのであろうか．実は細胞内には微小管やアクチン繊維などの微小な繊維があって，これらが細胞の極性（方向性）を決めている．たとえば気管支上皮や小腸上皮（図5.4）の細胞のように，1列に並んだ細胞の管腔側と内部側では構造が違う．気管支の管腔側には繊毛が生えて異物を外へ送り出し，小腸の管腔側では絨毛があって物質の吸収の効率を高めている．内側では吸収した物質を血管に送り出している．このような細胞の極性は細胞の秩序正しいはたらきのためには欠かせない．微小管は中心体から放射状に伸び，アクチン繊維は主に細胞の周辺部に多い．このアクチン繊維が環境に応じて配列を変え，それに従って微

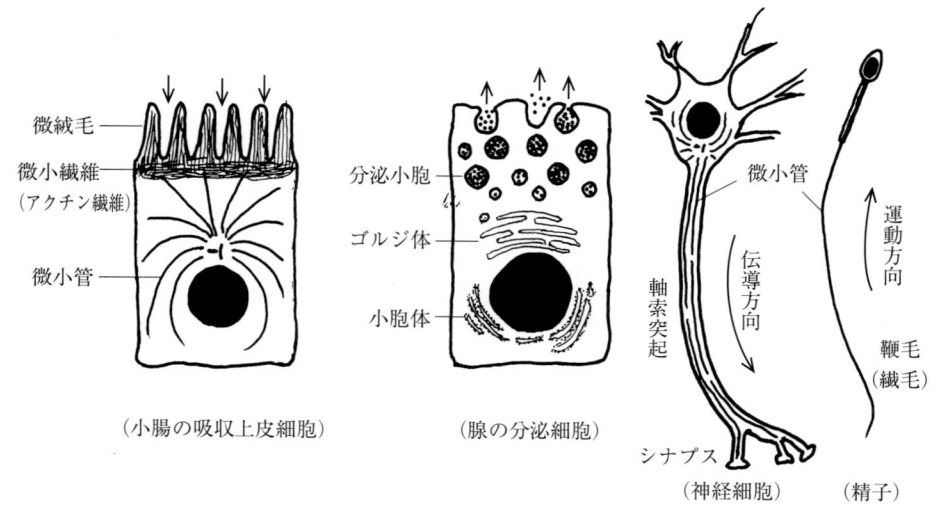

図6.2　細胞の方向性

小管も配列を変える．多くの場合，微小管は核の側の中心体から細胞の表面に向かって伸びており，核や小胞は微小管に沿って移動する．分泌細胞の内分泌，外分泌の方向も一定で，細胞の極性に従っている（図4.1，図6.2）．

═══ Tea Time ═══

飲作用・食作用

　飲作用も食作用も基本的には同じで，膜透過によらないで細胞外の物質を捕食して細胞内に取り込む作用である．飲作用は細胞外の溶液状の物質を細胞突起や仮足を出して取り囲み，細胞膜から離れて小胞として取り込む．また，同じ方法で固形物を取り込む場合を食作用という．脂質二重層の膜が連絡したり，切れたりすることで，小胞ができたり，こわれたりする．

　飲作用はすべての動物の多くの細胞にみられる物質取り込みの方法であるが，食作用は食細胞によって行われる．特に脊椎動物の哺乳類ではマクロファージや一部のリンパ球が食作用を行う．

　取り込まれた小胞はリソソームと融合してリソソームに含まれる加水分解酵素によって分解され細胞質に吸収される．このような細胞の物質摂取の方法は一括してエンドサイトーシスという．

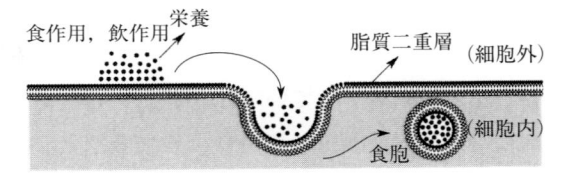

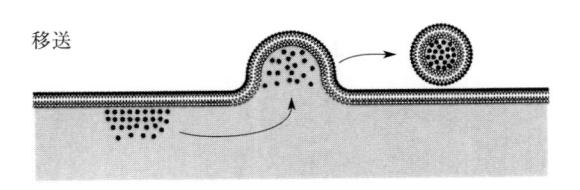

　これに対して細胞の物質分泌や排出はエキソサイトーシスと呼ばれる．細胞の粗面小胞体で合成された分泌タンパク質や膜タンパク質はリボソームのない部分でくびれて小胞になり，ゴルジ体と融合してそこである程度の修飾（変化）を受けてからくびれて再び小胞になり，直接細胞膜と融合するか，一度リソソームと融合してさらに修飾を受けたのち細胞膜と融合して細胞膜の一部に組み込まれるかあるいは細胞外に排出される（図6.3）．

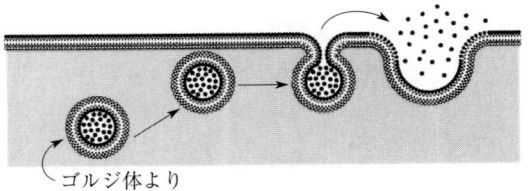

図6.3　細胞膜の機能

第7講

遺伝情報の貯蔵庫：核

―― テーマ ――
◆ 遺伝情報とは何か
◆ 遺伝情報はどこにあるか
◆ 遺伝情報はどのように発現されるか

核 の 役 割

　1831年，ブラウンによって植物細胞で核が発見されて以来，植物でシュライデン（1838年），動物でシュワン（1839年）によって生命の基本単位が細胞であるとする細胞説が確立（1839年）されてから，細胞の研究が進み，細胞には必ず核があり，核を除けば細胞は死に，細胞のないところで核は生きていけないことがわかっている（図7.1）．細胞がどのような生き方（たとえば細胞分化）をするかは核の指令によって成分の内容を整えることができ，核がどんな指令を出すかは細胞質による情報の提供がなければ対応することができな

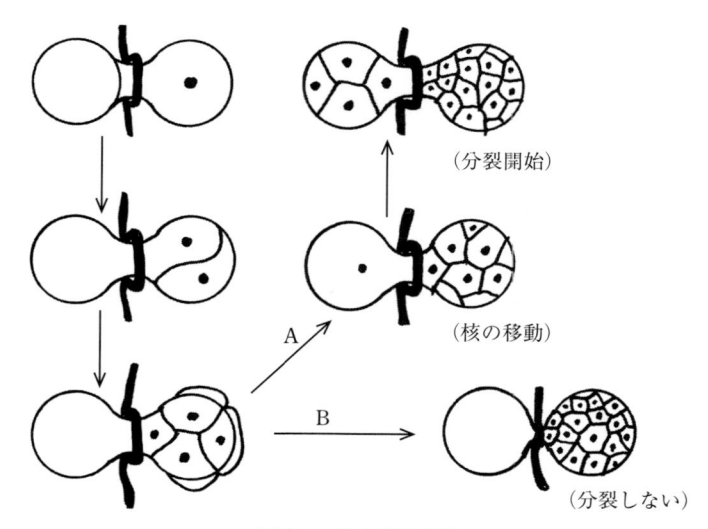

図7.1　核と細胞分裂
核がないと細胞分裂は起こらない．イモリの卵をゆるく縛る場合（A）ときつく縛る場合（B）のちがい．

い．だから，核と細胞質は共存してはじめて1つの生命体である．細胞が生命の最小単位というが，それも核があってこその細胞である．

　核はすべての生物のすべての細胞にある．核は生物の遺伝や増殖を担う細胞小器官である．ふつう核は1つの細胞に1つずつある．しかし，例外もある．哺乳類の赤血球は，造血組織中の母細胞のときは有核であるが，分裂増殖を終えて完全に分化して血管に入った赤血球では核は退化して無核になる．逆に，精子は細胞質を捨てる．豊富な細胞質をもつ卵に出合うことだけを目標にして運動性だけを残して身軽になる．ゾウリムシでは大核と小核がある．また筋肉細胞のように，多くの細胞が融合して細胞膜を失い筋肉繊維が連続するような細胞では多核である（第19講）．

核 の 動 態

　核には2つの形態がある．核は形態的に均質で無構造にみえる時期と凝縮した染色体を形成し分裂する時期とがある．後者では核膜が消えて核の形態をとらない時期がある（図7.2）．

　細胞が分裂している時期には，この2つの形態を繰り返している．どちらの時期に何をしているのだろうか．細胞を顕微鏡で観察して核が見えたとき，色素で染色すると，核が全体にぼんやり染まって見える細胞の中で，まれに染色体が染まって斑点のように見える細胞を見つけることがある．全体が染まっているのは核質（DNA）が核全体に広がっているときで，最も核が活発に活動しているときである．それなのに従来の習慣で，この時期を間期とか休止期と呼んでいる．この時期にDNA合成やタンパク質合成が盛んに行われているのである．DNAが固まって染色体の形をとってしまっては活動できない．だから凝縮した染色体が見える時期はDNAの活動は止まって細胞分裂が行われて

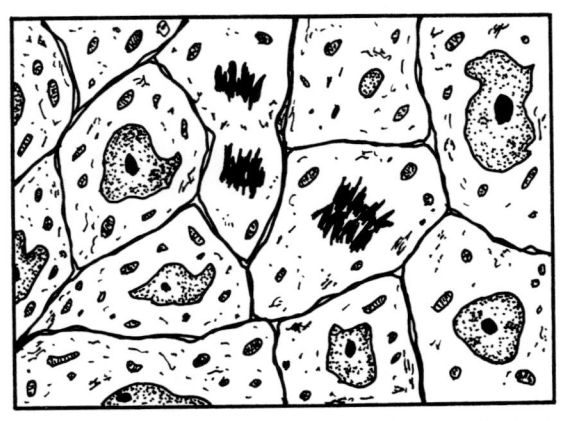

図7.2　多くの間期の細胞の中に2つの分裂中の細胞（中期と後期）がある

いる時期である（第11講，第12講）．

　多細胞動物は分裂して細胞数を増やして成長するためにDNAを合成しなければならないし，卵からの発生途上では遺伝子の情報を発現して形づくりに必要なタンパク質を合成しなければならない．そのために細胞はたえずDNA合成，タンパク質合成，細胞分裂の3要素を繰り返している．ただ，物質合成の期間は長く，分裂の期間は短いために，顕微鏡観察では分裂時期の細胞の数が少なくみえる．

DNAの合成（半保存的複製）

　真核細胞の核の中のDNAは酸性で二重らせん構造をしているが，これが塩基性タンパク質であるヒストン（精子の核ではプロタミン）と結合していて，DNAの複製や遺伝子の発現を抑えている．

　DNAはリン酸とデオキシリボースを介して2つのプリン塩基（アデニン，AとグアニンG）と2つのピリミジン塩基（シトシン，CとチミンT）の4つの塩基が並んだ1本の鎖に相補的な塩基（Aに対してT，Gに対してC）が並んだもう1本の同様な鎖が塩基対になって弱い水素結合で結合した二重らせ

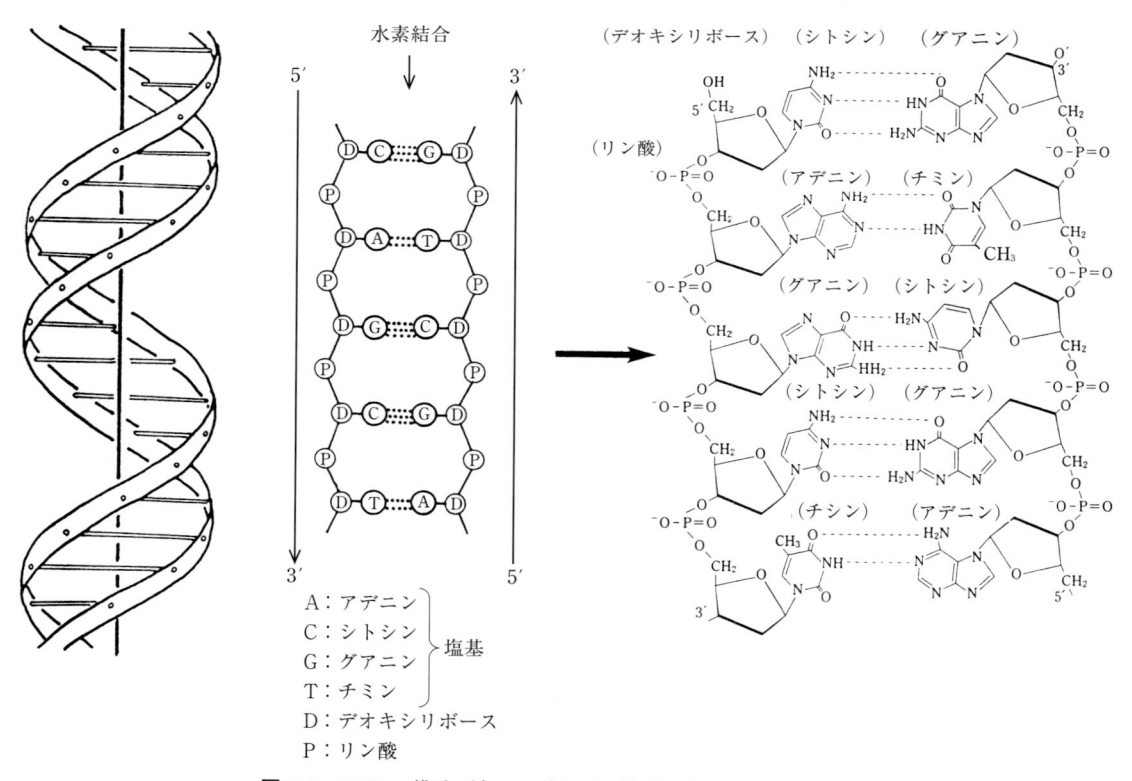

A：アデニン
C：シトシン ｝塩基
G：グアニン
T：チミン
D：デオキシリボース
P：リン酸

図7.3 DNAの構造（左：二重らせん構造，右：二本鎖の相補性）

ん構造をしている（図7.3）．

DNA合成（複製という）の際には，まずヒストンなどのタンパク質が離れてDNAの二重らせん構造が裸出する．この二重鎖には，ところどころに複製開始点があり，ここにDNAヘリカーゼという酵素が結合し，DNAの水素結合が切れて2本の1本鎖DNAになる．この各々にDNAポリメラーゼが結合して，4種のデオキシリボヌクレオシド三リン酸（dATP, dGTP, dCTP, dTTP）が相補的に結合し，それぞれDNA合成を始めるが，塩基の相補性があるので，1本鎖DNAはそれぞれ2本鎖になっていた相手のDNAを合成することになり，しかも合成方向は逆になる．最終的にはDNAリガーゼで補修されて連続した鎖の2本鎖DNAが合成される．これを半保存的複製と呼んでいる（図7.4）．

RNAの合成（転写）

DNAの遺伝情報の発現はDNA→RNA合成→タンパク質合成の順で行われ，最終的に酵素タンパク質や生体の構造タンパク質を合成して，体内のあらゆる物質代謝が可能な酵素をつくり，また直接からだの構成成分となる構造タンパク質などをつくるのが目的である．この一連の合成系のうち，DNAからRNA合成は核の中で行われ転写と呼ばれる．合成されたRNAは核外に出て，

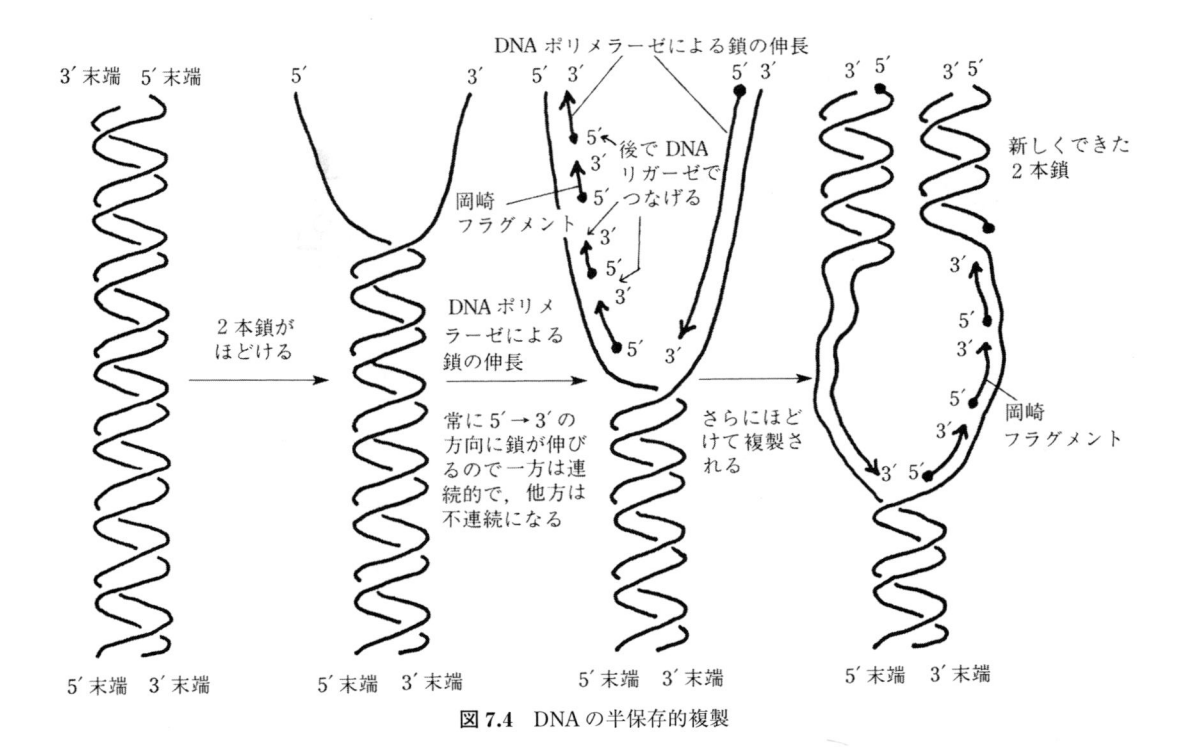

図7.4　DNAの半保存的複製

RNA からタンパク質合成は細胞質で行われ翻訳と呼ばれる（第 8 講）．

　転写の際には，DNA の塩基に相補的な塩基が結合するが，その材料となるのは，複製のとき（dATP，dGTP，dCTP，dTTP）と違って 4 種のリボヌクレオシド三リン酸（ATP，GTP，CTP，UTP）である．それらが二重らせんのほどけた 1 本鎖に A：U，G：C の相補的な塩基が DNA の塩基と水素結合で結合し，それがリン酸で結ばれて長い 1 本の鎖となる．できた RNA 鎖の DNA との水素結合は弱く，できた順に DNA から離れる（図 7.5）．

　DNA 鎖の中には，遺伝子だけがあるのではなくて，調節タンパク質の結合部位，転写開始部位（開始コドン），転写終止部位（終止コドン）や遺伝情報

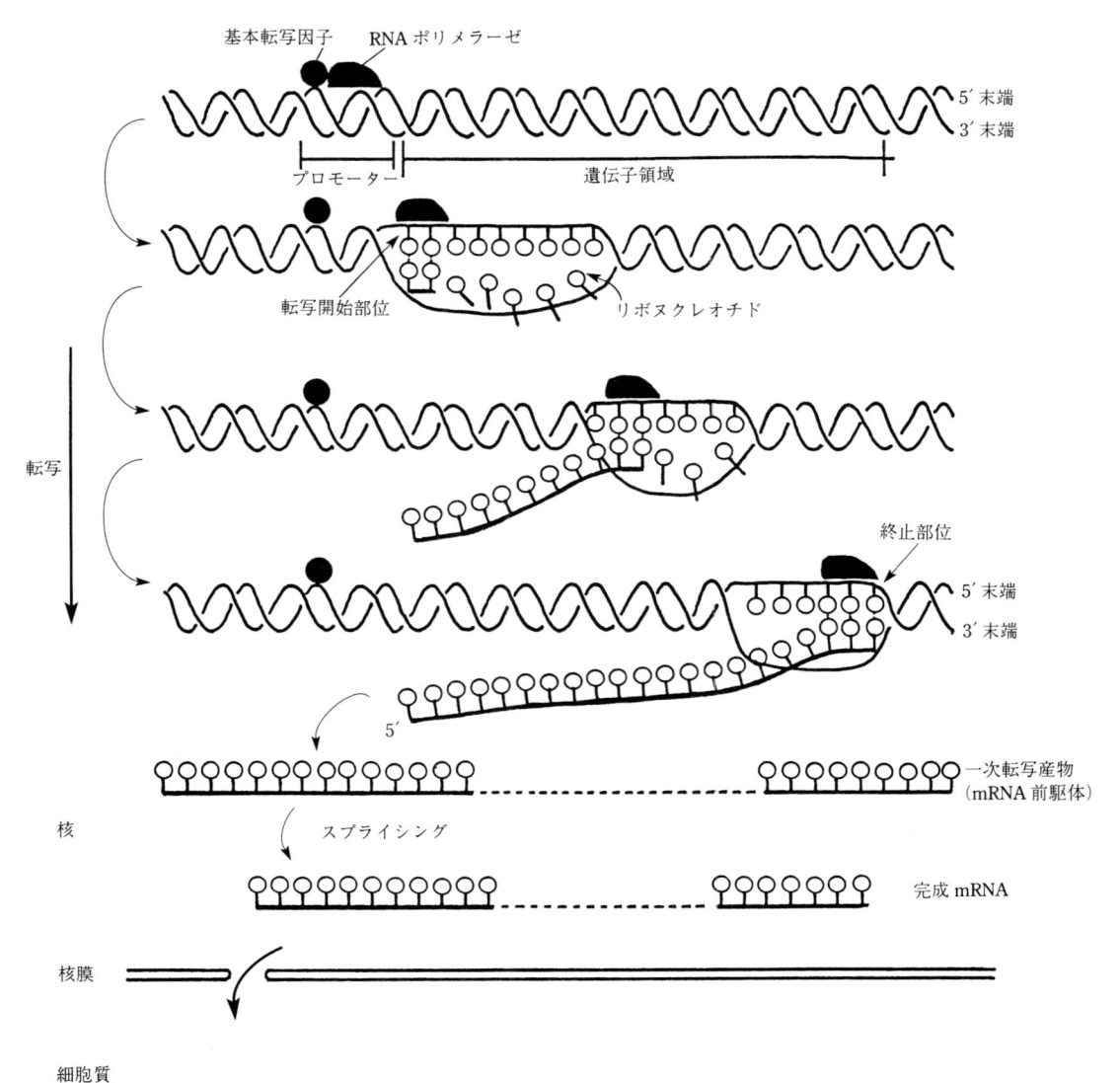

図 7.5 DNA から RNA の合成（転写）

の意味をもたない部位（イントロン，介在配列）などがあり，転写開始部位（プロモーター領域）にRNAポリメラーゼという酵素が結合することによって，RNAが終止コドンまで合成され，キャップ構造の添加やポリ（A）の添加などの過程の後でイントロンがはずされて（スプライシング，除去作用），遺伝情報部位（エクソン）だけが連結したRNAが完成し（全課程をプロセシングという），ここでタンパク合成に使われる完成したmRNAだけが核膜孔を経て細胞質に放出される．特にリボソームRNA（rRNA）は核小体（仁）内のDNAで合成されて核外に出てタンパク質合成に利用される．

　こうして細胞質に出たRNAによってタンパク質が合成されるのが遺伝情報の発現である．このDNA→RNA→タンパク質の全過程をセントラルドグマと呼んでいる．

═══════════════ Tea Time ═══════════════

無核化と多核化

　無核細胞の代表例は哺乳類の赤血球である．赤血球は骨髄でつくられるが，骨髄での血球の発生途上でヘモグロビンを合成した後で，細胞小器官などを退化させ，核を放出して無核細胞となる．この赤血球はもはや分化・増殖することはなく，酸素，二酸化炭素などの運搬に専念し，老化すると肝臓で破壊・処理される．また，逆に核の倍数化で多核化（巨核球）し，細胞質が分断して小片化した無核片が血小板である．

　多核細胞の代表例は骨格筋（横紋筋）細胞である．筋肉細胞は中胚葉細胞から分化するが，特殊な遺伝子の発現が必要である．遺伝子の発現によって筋肉になることが運命づけられると細胞接着因子の受容体ができて，細胞どうしが接着し融合する．融合部分の細胞膜は消失して，細胞は長い方向に巨大化し多核になる．その後で筋原繊維がつくられ，収縮運動ができるようになる（図19.2）．

　脊椎動物の内臓の筋肉は平滑筋で単核である．心臓の筋肉は心筋といい，形は横紋筋に似ているが，単核である．無脊椎動物の筋肉は心筋を含め平滑筋と横紋筋が混ざっている．

　細胞の多核化は細胞融合によって人工的につくることができる．化学刺激や電気刺激で細胞を融合させるが，植物では多様な雑種形成に利用され，動物ではがん細胞のような分裂の盛んな細胞と有用物質を合成する細胞を融合させて，多量の物質生産に役立てている．たとえば抗体の産生がその例である．

第8講

タンパク質合成：
リボソームのはたらき

> ── テーマ ──
> ◆ タンパク質はどこで合成されるか
> ◆ タンパク質は何に使われるか
> ◆ タンパク質と他の物質代謝との関係

リボソームの2型

　タンパク質の合成にはリボソームが必要である．リボソームはrRNAとタンパク質の複合体で，原核細胞も真核細胞も大小2つの亜粒子が結合して1つのリボソーム粒子を形成している．このリボソーム粒子は細胞質基質に散在する遊離型と小胞体に結合する膜結合型とがある．

　遊離型リボソームは酵素などの細胞質タンパク質を合成し，結合型リボソームは小胞体に結合し（粗面小胞体），小胞体，ゴルジ体，リソソームなどのタンパク質，膜タンパク質，分泌タンパク質などを合成する．そのタンパク質合成の方法は基本的に同じで，いずれの場合も，核から移送されたmRNAにリボソーム粒子（rRNA）が結合してポリリボソーム（ポリソーム）を形成し，これにアミノ酸と結合したtRNAがアミノ酸を運んできてそれらを連結させてタンパク質を合成する．つまり，タンパク質合成の際には，mRNA，rRNA，tRNAの3種のRNAが集まってその共同で合成が行われるわけである．

　リボソーム粒子はmRNAと結合する部位とアミノ酸を運んでくるtRNAと結合する部位（A部位）と合成中のペプチドがくっついているtRNAと結合する部位（P部位）の3つの結合部位をもっている．mRNAは塩基の長蛇の列（鎖）であるが，この中の3つの塩基配列が1つのアミノ酸に相当するので，リボソームは正確に3つの塩基（コード，遺伝暗号の指示）ずつ移動して順序よくtRNAからアミノ酸を受け取っていく（図8.1）．

　粗面小胞体で合成されたタンパク質は小胞体内腔に取り入れられて，小胞になってゴルジ体やリソソームに運ばれたり，小胞体内腔を移動して膜タンパク質になったりする（図6.1）．

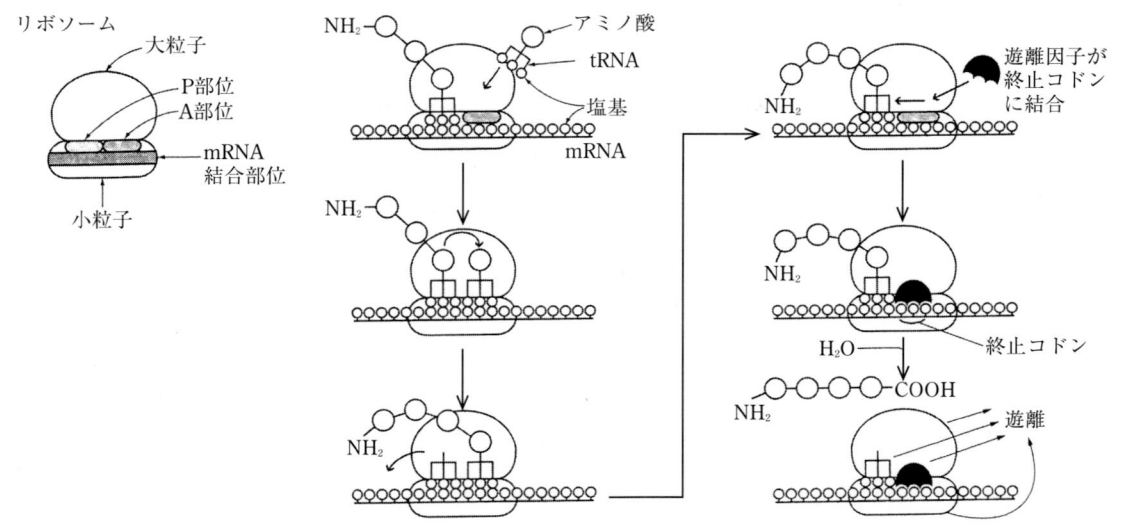

図8.1 リボソームの3つの結合部位とタンパク質合成終了時の模式図

3つのRNAの共同作用

　核でつくられるmRNAはA, G, C, Uの4つの塩基のいろいろな配列の1本鎖である．この配列順序は対合の法則でつくられているから，DNAの塩基配列に対応する配列になっている．mRNAの塩基配列は3つの塩基が1つのアミノ酸に相当し，3塩基の配列を遺伝暗号の単位（コドン）と呼ばれる．DNAの1つの遺伝子領域で，この配列は開始コドンから始まって終止コドンで終わっている（図8.2）．

　3つの塩基配列は4つの塩基から64種できるので64種のコドンがあるが，そのうち61種がアミノ酸を指定し，3種が終止コドンとして機能する．開始コドン（AUG）にはメチオニン（メチオニン-tRNA）が結合する（図8.3）．原核細胞ではホルミルメチオニン（ホルミルメチオニン-tRNA）が結合する．

　mRNAにいくつものリボソーム（rRNA）が結合してポリソームが形成されると，20種類のアミノ酸に対応する20種類のtRNAが結合し，アミノ酸を運ぶ．mRNAの塩基配列（コード）に指示されるアミノ酸と結合したtRNAが配列順に結合する．mRNAのAUG（開始コドン）にメチオニン-tRNA（またはホルミルメチオニン-tRNA）が結合するところからタンパク質合成（翻訳）が始まる．これに順次mRNAの遺伝コードに対応する次のアミノ酸-tRNAがリボソームのA部位に結合して前のメチオニンとペプチド結合を起こす．これが終わると，リボソームは3塩基分移動して，はじめのtRNAは離れ，ペプチド結合したtRNAがP部位に移動して，新しい次のアミノ酸-tRNAがA部

位に結合して，次のペプチド結合が起きる．こうしてリボソームの正確な移動によって順次ペプチドは長くなり，終止コドン（UAA, UGA, UAG）の塩基配列のところにはtRNAは結合できなくてタンパク質合成は終わる（図8.2）．

このとき最初のアミノ酸のアミノ基は遊離しており，次のアミノ酸からペプチド結合に関与し最後のアミノ酸はカルボキシル基が遊離している．このためタンパク質の最初のアミノ酸をタンパク質のアミノ末端（N-末端）といい，タンパク質の最後のアミノ酸をカルボキシル末端（C-末端）といい，タンパク質の方向性を示す表現である．タンパク質合成ではアミノ末端から合成されてカルボキシル末端で終わるということができる．

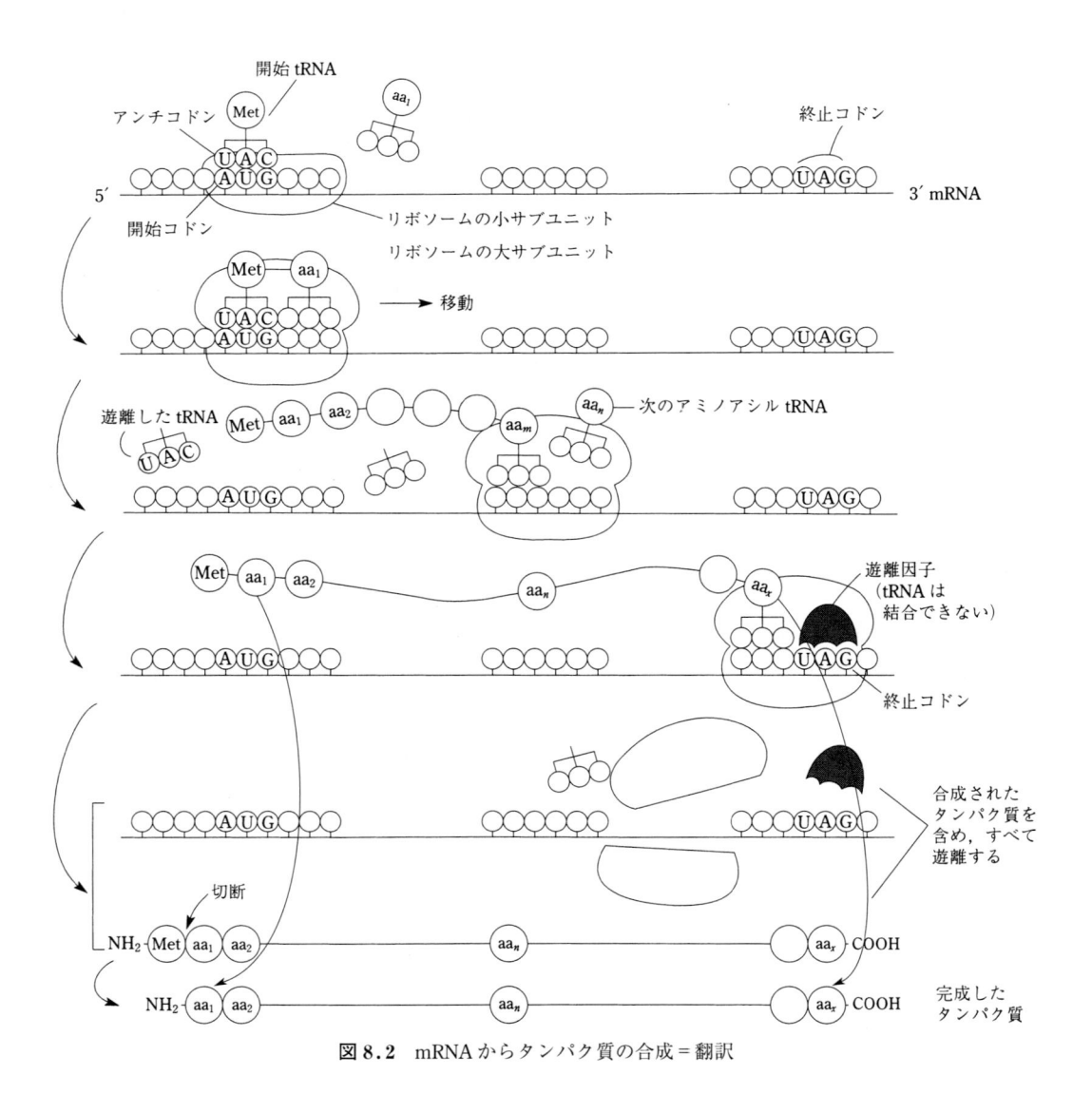

図8.2 mRNAからタンパク質の合成＝翻訳

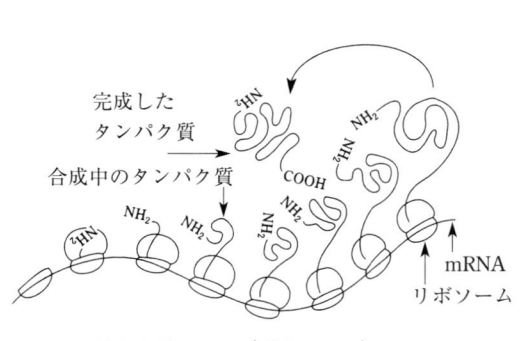

図8.3 ポリソームの模式図と遺伝暗号表

酵素のはたらき

　酵素はすべてタンパク質であるからリボソームでつくられるが，遊離型リボソームでつくられるものも結合型リボソームでつくられるものもある．どこでつくられても酵素のはたらきは同じで，ただ細胞内での作用する場所が違うだけである．細胞質内で糖類や脂質の合成・分解をする酵素もあれば，ゴルジ体でさまざまな物質の修飾にあずかる酵素もあり，リソソームで加水分解作用をする酵素もある．

　すべての物質が化学反応でできるわけだから，そこには酵素が関与し，すべての物質が酵素タンパク質でつくられることになる．タンパク質合成を調節する調節因子や神経が分泌する生理活性物質も酵素タンパク質がつくる．つくられないのはビタミンとミネラルでこれは栄養源として外から取り入れなければならない．

　個人によって酵素活性の低い場合，あるいは欠失している場合などがあり個人差ができる．アルコール脱水素酵素が弱くて酒に弱い人，メラニンの合成能力のない場合もあり，あるいは遺伝的病気の原因になったりする場合もある．

===Tea Time===

塩基配列のミス

　DNAは4つの塩基が連続して配列した鎖であるが，ときには配列ミスを起こすことがある．これには1つの塩基が欠如した場合，1つの塩基が余分に挿入された場合，多数の塩基が欠失した場合，多数の塩基が挿入された場合やあ

第8講 タンパク質合成：リボソームのはたらき

正常ヘモグロビンの DNA

```
5'-TCATCTCACCCCCTGAGGAA-3'
3'-AGTAGAGTGGGGGACTCCTT-5'
```

かま状赤血球貧血症のヘモグロビンの DNA

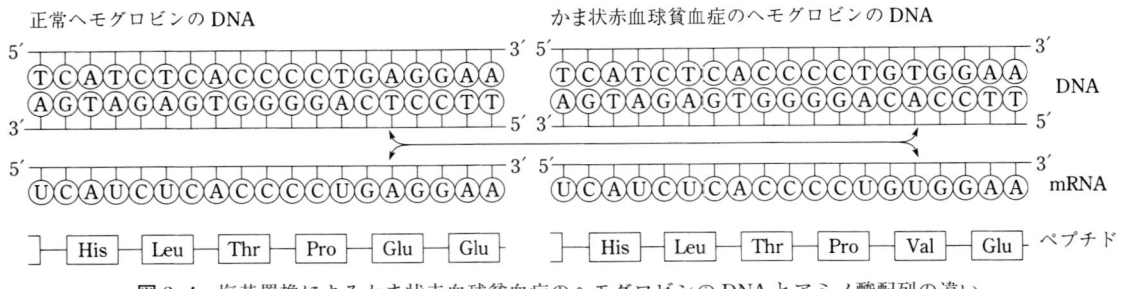

```
5'-TCATCTCACCCCCTGTGGAA-3'
3'-AGTAGAGTGGGGGACACCTT-5'
```
DNA

```
5'-UCAUCUCACCCCCUGAGGAA-3'
```

```
5'-UCAUCUCACCCCCUGUGGAA-3'
```
mRNA

―His―Leu―Thr―Pro―Glu―Glu―　　―His―Leu―Thr―Pro―Val―Glu― ペプチド

図 8.4 塩基置換によるかま状赤血球貧血症のヘモグロビンの DNA とアミノ酸配列の違い

るいは置換が起きたりすることなどがあるが，修復合成が行われて，正しい塩基配列に戻された場合はよいが，ミスが起きて修復されない場合は重大な影響がでる．突然変異の原因になったり，遺伝病になったりする．

DNA の塩基配列は RNA に転写されるが，RNA の塩基配列の三連塩基（コドン）はそれぞれ合成されるタンパク質の1つのアミノ酸に対応しているから，1つの塩基が他の塩基に置換された場合には1つのアミノ酸が別のアミノ酸になってしまう．しかし，塩基の欠損や挿入が起きた場合には，1つの塩基の変化でもそれ以後のすべてのアミノ酸が違ってきてしまうから，正常とは異なったタンパク質ができてしまう．

このような塩基配列のミスがあると，できるタンパク質は機能しないタンパク質である場合があり，遺伝子がないのと同じことになるから，動物の発生途上で起これば，からだの形成異常にもなる．遺伝子欠損による異常あるいは奇形はショウジョウバエの発生の研究で多く見いだされている．頭の触覚が脚に変わったり，正常は2枚の羽のショウジョウバエが4枚羽になったりする．遺伝子発現は連鎖的に起こるので，基本的な遺伝子の異常であるほど影響は大きく，生きられず，最近まで見つからなかった．最近になって，発生初期あるいは幼生の段階で奇形になり成長できずに死亡したものが見いだされ，それが遺伝子の塩基配列のミスや遺伝子欠損（正常なタンパク質ができない）によるものであることがわかった．

1つの塩基の置換によるアミノ酸の変異で有名なのが，かま状赤血球貧血症がある．DNA の塩基配列の CTC（GAG 対）が CAC（GTG 対）に置換が起きたために，転写で mRNA は GTA から GUG になり，翻訳でグルタミン酸がバリンに変わっているだけである（図 8.4）．しかし，立体構造が変化した異常ヘモグロビンになる．このため赤血球は変形し，酸素の運搬能力が減って貧血になる．しかし，この病気の患者はマラリアに対する抵抗性をもっているので，遺伝的な保因者としてアフリカ，アメリカ，アジアなどで生存している．

第9講

エネルギーの合成：
ミトコンドリアの驚異

テーマ
- ◆ エネルギー合成とは何か
- ◆ 呼吸の本質は何か
- ◆ ミトコンドリアのどこで何が起こるか

呼　吸

　呼吸を一言でいえば，酸素を吸って二酸化炭素を出すことである．この過程で栄養素が分解されてエネルギーが合成されるが，これにはいくつもの段階がある．

　1）　口から新鮮な（酸素の多い）空気を吸って（吸気），二酸化炭素の多い空気を吐き出す（呼気）（換気）．

　2）　肺の肺胞と肺の毛細血管との間でガス交換（酸素の供給と二酸化炭素の排出）を行う（外呼吸）．

　3）　酸素は血液中の赤血球のヘモグロビンと結合し，肺から組織・細胞へ，二酸化炭素は血漿に溶けたりヘモグロビンと結合して組織・細胞から肺へ運ばれる（ガスの運搬）．

　4）　組織の毛細血管の血液と組織・細胞の間でガス交換を行う．細胞が酸素を取り入れて二酸化炭素を排出する（内呼吸，細胞呼吸）．

　5）　細胞内のミトコンドリアが栄養素を酸化分解して水素や二酸化炭素を出し，ATPという化学エネルギーをつくり，水素は酸素と結合して水になるので，結果として酸素を吸収して二酸化炭素と水ができる（細胞呼吸）．

　酸素呼吸は有酸素呼吸とか好気的呼吸と呼ばれるが，細菌の仲間で無酸素の条件でエネルギーを獲得する無酸素呼吸（無気呼吸，嫌気的呼吸）もある．

　呼吸とは口から酸素を吸って，肺，血液，組織・細胞を経て，ミトコンドリアへ酸素を供給し，栄養素を分解して生じたエネルギーを利用してATPを合成し，分解されてできた水と二酸化炭素を排出する過程であることがわかると思うが，この生理的な面は器官の項で扱うこととし，ここではミトコンドリア

の生化学的な呼吸について考察する．

ミトコンドリアの構造

　細胞分裂による細胞の増殖とは別に，細胞のミトコンドリア，葉緑体，中心体は自己増殖をする細胞小器官である．このうち，ミトコンドリアと葉緑体は自己増殖のために，核とは別にそれぞれ特有の DNA をもっていることが明らかにされ，中心体については現在研究中である．

　したがって，ミトコンドリアは細胞内で独自に分裂・増殖をするが，その構造はどうなっているのだろうか．

　ミトコンドリアは普通糸状あるいは顆粒状であるが，形や数は細胞によって著しく違う．たとえば，哺乳類の肝臓では 1 細胞当たり 2000 個を超えるが，精子では融合して 1 つになり，細長いらせん状になって ATP 合成の効率をよくしているものもある．ミトコンドリアは脂質二重層の外膜と内膜との二重の膜で内部の基質（マトリックス）を包み，それぞれ特有のはたらきをしている．外膜は分子量 1 万以下の小さい分子を通過させるが，内膜を通過できない．内膜は無数の内部への突出があり棚状になり，クリステと呼ばれる．内膜には多くの輸送タンパク質と酵素（電子伝達系の酵素や ATP 合成酵素）が分布している．クリステ膜と内膜の表面には基本粒子と呼ばれる粒子（直径約 10 nm）があり，膜貫通型プロトンポンプがあり，プロトン（H^+）が通過する際に ATP 合成を行う．マトリックスには脂肪酸を分解する酵素やアセチルコエンザイム（アセチル CoA）にする酵素やクエン酸回路の酵素などが含まれている（図 9.1）．

ミトコンドリアのはたらき

　エネルギー源になる栄養素は細胞質基質で内膜を通過できる形に分解されてから，外膜，内膜を通ってマトリックスに入る（図 5.3）．

　糖類は細胞質基質での解糖系によってピルビン酸になってから，ミトコンドリアに入り，マトリックスで CoA と結合してアセチル CoA になりクエン酸回路に入る．クエン酸回路はトリカルボン酸回路（TCA 回路），クレブス回路とも呼ばれ，ピルビン酸が脱水素と脱炭酸を受けて，物質的な変換が行われる経路である．脂質はリパーゼやホスホリパーゼによってグリセリン（グリセロール）や脂肪酸に分解され，グリセリンはリン酸化されて解糖系に入りピルビン酸になる．脂肪酸はミトコンドリア外膜で CoA と結合するが，内膜でカルニチン（脂肪酸運搬体）と置換してアシルカルニチンとなって長鎖脂肪酸のまま内膜を通り，マトリックスに入ってから再び置換してアシル CoA となり，炭

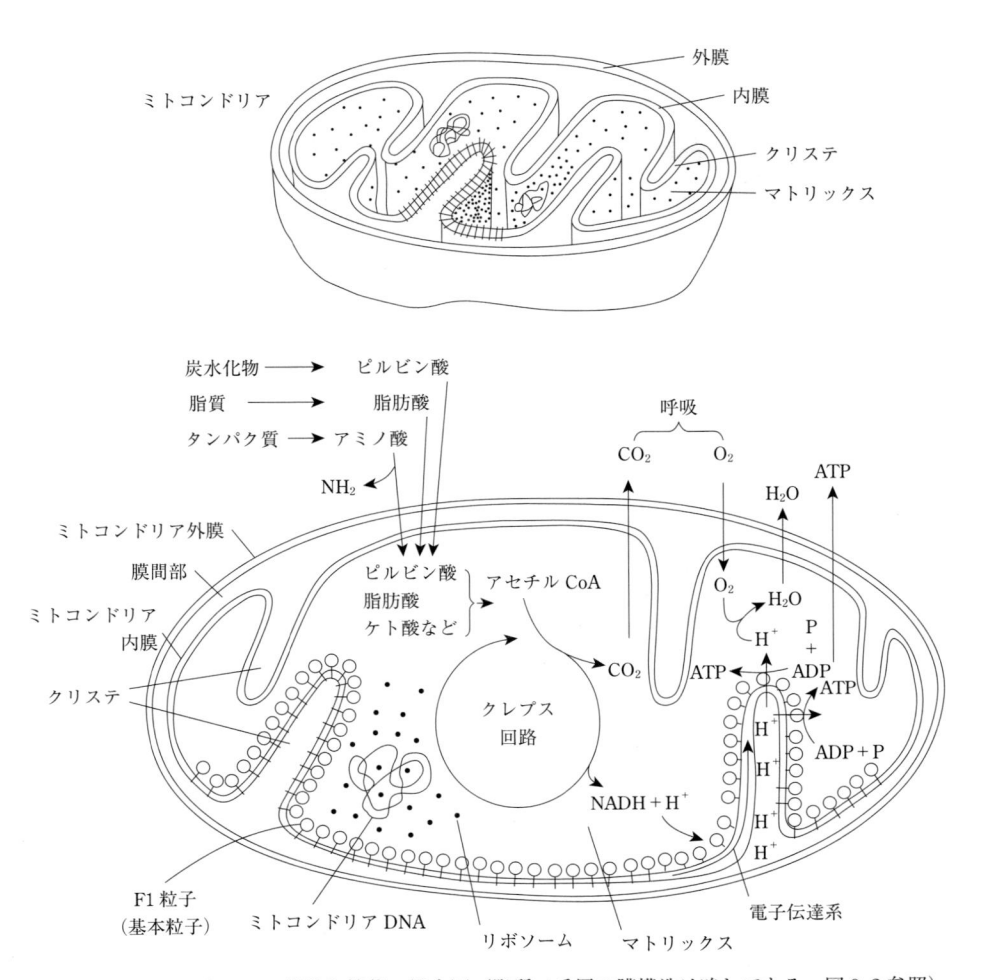

図 9.1 ミトコンドリアの構造と機能の概念図（脂質二重層の膜構造は略してある，図 9.2 参照）

　素数 2 つずつの単位で切断される方法（β 酸化という）で分解され，アセチル CoA になりクエン酸回路に入る．タンパク質は細胞質基質でアミノ酸に分解されてからアミノ基を除去され，クエン酸回路に入る（図 5.3）．

　マトリックスではクエン酸回路の酵素によって水素と二酸化炭素に分解され，二酸化炭素はミトコンドリア膜を通過して外に出る．水素は補酵素（助酵素）の NAD や FAD と結合して内膜の電子伝達系のシトクロムという色素タンパク質（鉄を含む）や酵素などの電子伝達体による水素の転移によってエネルギーを放出し，基本粒子をプロトンが通る時，プロトンポンプが ATP ＋ P ＝ ATP の高エネルギーリン酸化反応によって ATP をつくる．水素は内膜を出てマトリックスの酸素と結合して水になる（図 9.2）．

　この時，1 分子のグルコースからできた 2 分子のピルビン酸から水素の放出によって 30 分子の ATP が合成されるが，無酸素下の解糖系では 2 分子の

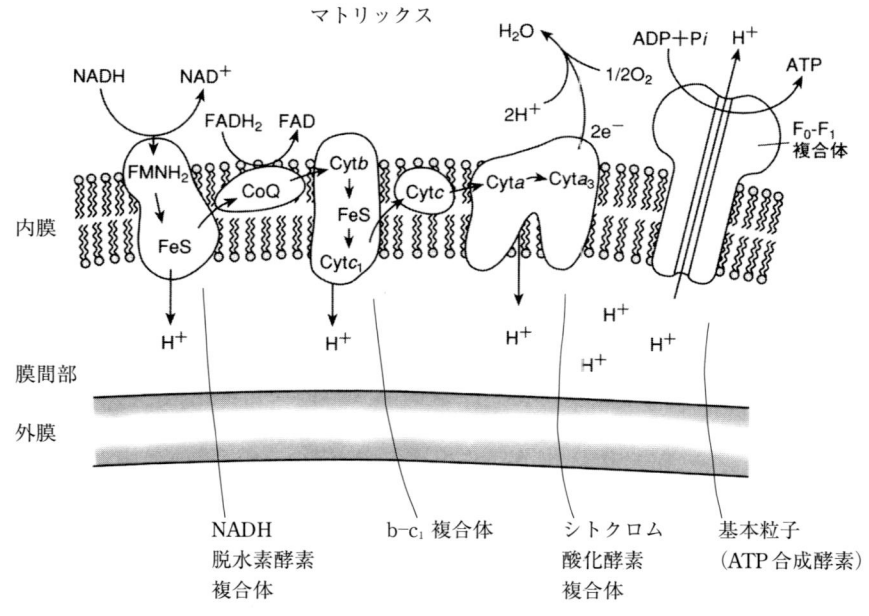

図 9.2 ミトコンドリア内膜の電子伝達系

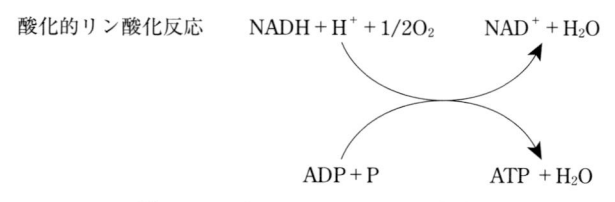

図 9.3 ミトコンドリアの ATP 合成

ATP が合成されるだけだから，ミトコンドリアでの ATP 合成効率はきわめて高い．効率だけでなく，解糖系の ATP 合成は中間産物のリン酸化合物から ADP への転移反応であるのに対して，ミトコンドリアでは電子伝達系による水素の転移（酸化）反応と共役した反応で，放出エネルギーを利用した $ADP + P = ATP$ の酸化的リン酸化反応であることが特徴である（図9.3）．

Tea Time

ミトコンドリアの DNA

　細胞内で増殖する細胞小器官のうち，ミトコンドリアと葉緑体にはそれぞれ核とは別に独自のDNAをもっている．最近，染色体やDNAの全体を意味するゲノムという言葉が使われており，ミトコンドリアのDNAもミトコンドリアゲノムと呼ばれている．これらのゲノムは一般に環状2本鎖DNAである．緑藻の1種とゾウリムシのミトコンドリアゲノムは線状DNAであることが知られている．

　これらのゲノムは増殖する際には複製されるだけでなく，リボソームももっており，mRNA，tRNA，rRNAの遺伝子もあり，転写，翻訳を行ってタンパク質を合成する．しかし，動物のミトコンドリアゲノムは小さくてイントロン（介在配列）はないらしい．植物細胞のミトコンドリアゲノムは大きくて多くのイントロンをもっている．

　ミトコンドリアはこの独自のDNAだけで増殖ができるわけではなく，細胞核のゲノムにも依存して細胞質基質のRNAやタンパク質を吸収してミトコンドリアのタンパク質合成を行っている．

　ミトコンドリアや葉緑体が独自のゲノムをもっていることは，細胞進化の上で共生説を支持する1つの根拠にされている．また，ミトコンドリアは細胞質を通して母性遺伝をする（卵細胞質のミトコンドリアゲノムが子のミトコンドリアに伝わる）ために，そのゲノムは進化の系統的な研究にも使われている．

第 10 講

細胞を支え動かす細胞骨格

テーマ
◆ 細胞の形をつくるもの
◆ 細胞の移動を定位定着
◆ 細胞内でのはたらき

3つの細胞骨格

　細胞は風船のように柔らかくても硬すぎても形をつくるのに困る．時に形を変えて並び方を変えたり，仮足を出して移動したりできるような巧妙な柔軟性をもっている．それを可能にしているのが細胞骨格である．

　細胞骨格は真核細胞の細胞内にあって，細胞の形を支えているもので，からだの骨格とは違う．細胞のさまざまな形をつくったり，分裂したりできるのも，3つの細胞骨格の強調的な変化によるものである．

　細胞骨格には微小繊維（ミクロフィラメント，アクチンフィラメント），微小管（ミクロチューブル），中間径フィラメントの3種類がある（図10.1）．微小繊維は直径 5～8 nm の細い繊維で，アクチンというタンパク質が主成分で，微小管は外側の直径が 25 nm の中空の管でチューブリンというタンパク質が主成分である．中間径フィラメントはこの2つのタンパク質の中間の太さの繊維（直径約 10 nm）でビメンチン，デスミンなどを主成分とするタンパク質である．これらが方向性のある重合や脱重合（分解）によって伸びたり縮んだりする（図10.2）．

微 小 繊 維

　微小繊維の主成分はアクチンであり，真核細胞で最も多いタンパク質である．骨格筋では全重量の 20 ％を占めるほどである．アクチンは筋肉タンパク質の筋原繊維の主成分である．筋肉のアクチン繊維はミオシン繊維と共存して規則正しく配列し，その収縮・弛緩によって，からだ全体の強力な運動を行っているが（第 19 講），筋肉細胞以外の細胞骨格の微小繊維はアクチン分子が2

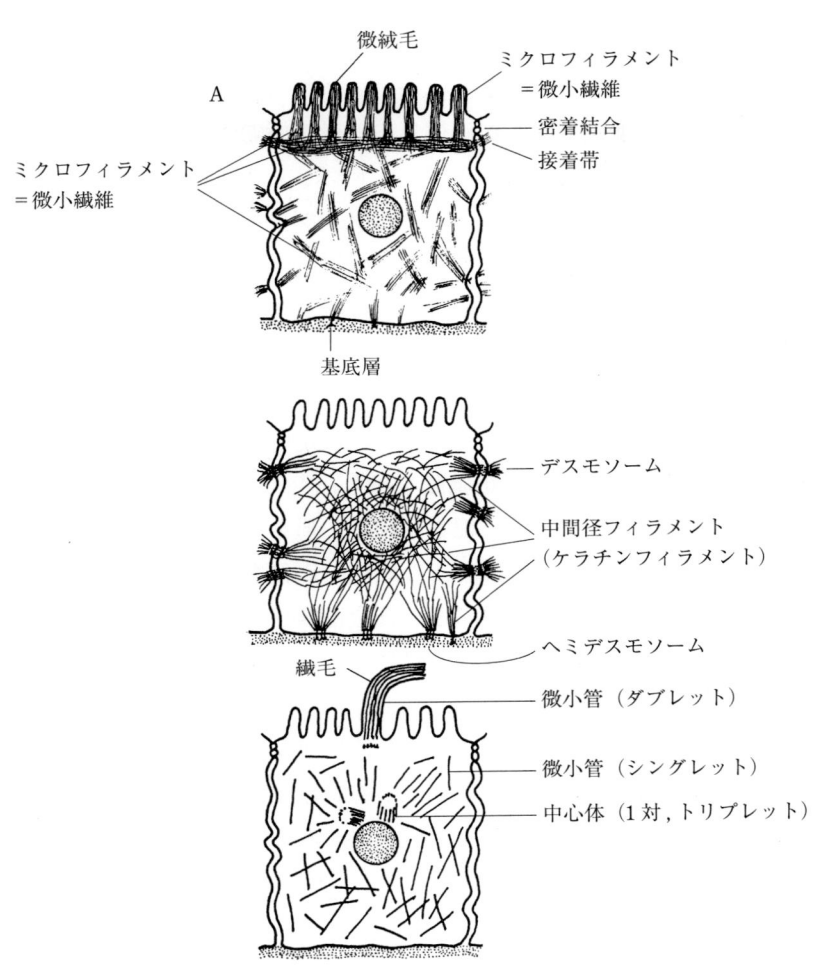

図 10.1 細胞骨格の分布（上：微小繊維，中：中間径フィラメント，下：微小管の分布）（Weiss, 1988 より）

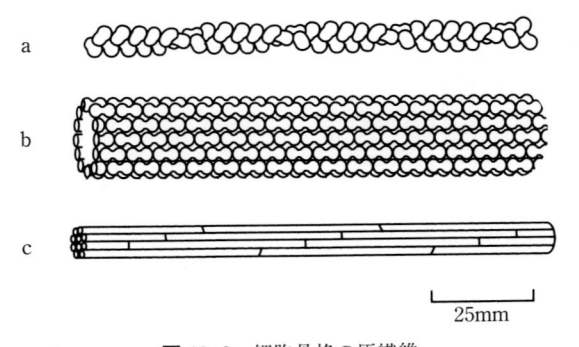

図 10.2 細胞骨格の原繊維
a：アクチンが重合してできた微小繊維，b：チューブリンが重合した微小管（シングレット），c：中間径繊維．

列に並んだ2本鎖重合体の柔軟な繊維が束になったものである．細胞全体に分布するが，特に細胞膜直下（内側）に多く，微絨毛や細胞仮足などに多く分布し，細胞の変形や移動する時などに役立ち，微小繊維はいくつかの結合タンパク質を介して細胞膜の膜貫通受容体（インテグリンと総称される）と連絡している．インテグリンは細胞外基質の成分（フィブロネクチンなど）と結合する能力をもち，細胞移動の足がかりとなり，細胞定位（位置の固定）などに役立っている（第13講）．微小繊維は細胞分裂の時には束になって収縮環を形成し細胞質をくびり切る（図10.3）．

アクチンはATPとK，Mgイオンと十分なアクチン分子の存在で重合して伸びる．細胞が移動する時の微小突起や葉状仮足の形成は，細胞の移動端にアクチンが集まって重合し伸びて細胞膜を押し出したものである．仮足の伸長・収縮が細胞を移動させる．また，細胞が細長く形を変える時などは微小管と協力する．微小繊維が細胞の一端に集まり細胞の直径を細くするのと同時に，微小管が平行して直行するように並ぶと，細胞は伸びることになり，その収縮が同じ方向に起これば結果として細胞が移動することも起こる（図10.3）．

また，上皮細胞の上端近くにある接着帯という細胞間固定結合（第13講）に結合している微小繊維は上皮細胞に連続的に連なっており，しかも恒常的に存在する．これが収縮することによって細胞層の陥没や管の形成が起こったり逆に弛緩することによって細胞層の隆起が起こるなど，部分的な組織の形態変

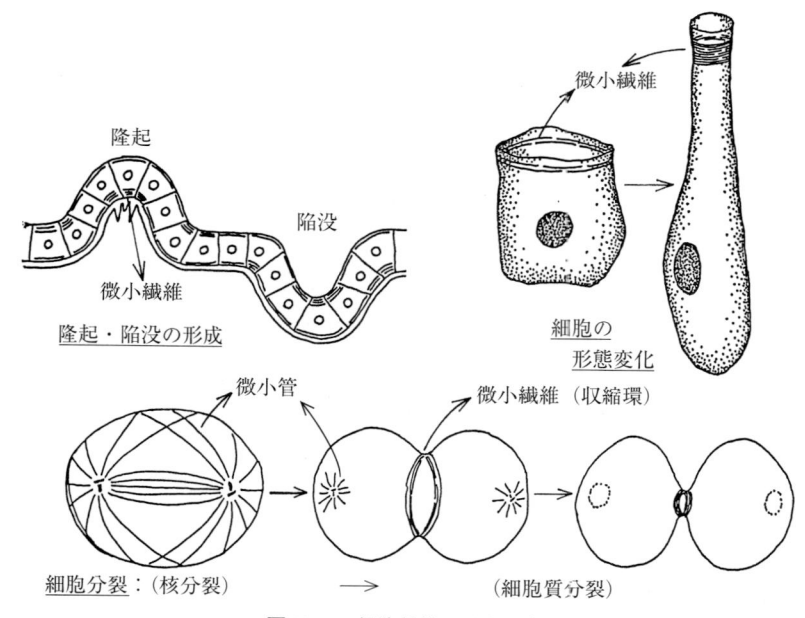

図10.3 細胞骨格のはたらき

化に重要な役割を果たしている．

　サイトカラシンという薬物はアクチン分子の重合を阻害する．移動中の細胞にサイトカラシンを与えると細胞突起の形成や細胞移動は停止する．また，分裂中の細胞に与えると，核分裂だけが起こるが収縮環の形成や細胞質分裂が起きないので，多核細胞になってしまう．

微　小　管

　微小管は α と β の2種のチューブリンというタンパク質が環状に規則正しく並んで中空の管になったもので，細胞質中に1本の管として散在するが，多くは核のそばの中心体を中心に放射状に細胞質中に伸びている．中心体を囲む放射状の中心部が微小管形成中心で，そこから微小管が伸びて星状体をつくり，さらに細胞周辺部にまで伸びている．細胞分裂の時には紡錘体をつくる．微小管は構造物を移動させる細胞内輸送路にもなり，微小管によって小胞体やゴルジ体の位置が決まるし，神経の軸索突起には長い微小管が並び物質の移動路になっている．ここでいう輸送路，移動路とは微小管に沿って移動するという意味である．これらの微小管は1本の微小管の管（単管）でシングレットと呼ばれる（図10.4）．

　微小管にはキネシンや細胞質ダイニンのようなモータータンパク質が結合しており，移動の方向性を決めている．本来小胞は微小管に沿って両方向に移動

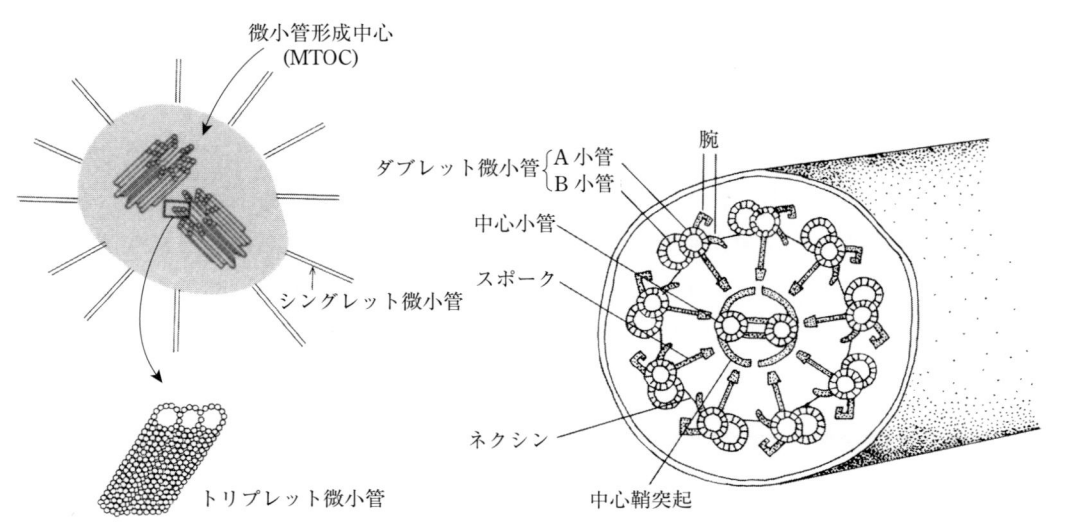

図10.4　微小管の3態（シングレット，ダブレット，トリプレット）
中心体の中核をなす中心小体は，3連の微小管（トリプレット）9本がリング状に並んだもので，1対が互いに直角に向き合っている．その周囲の，電子顕微鏡では無構造に見える領域には，微小管の重合にはたらく多種のタンパク質が集まっている．

するが，キネシンと結合したものは核から遠ざかる方向へ動き，細胞質ダイニンと結合したものは細胞の中心の核のある方向へ微小管に沿って移動する．

微小管には2本の微小管が結合した二連微小管がある．これをダブレットと呼んでいる．その例が繊毛と鞭毛を構成する微小管である．

ダブレットではダイニンのATP分解作用によってエネルギーを発生させ2本の微小管の間で滑りを引き起こす．しかし，微小管はキネンシで連結しているため屈曲運動になる．繊毛や鞭毛では，中心に2本の単管微小管があり，その周りに9対のダブレットがあり（9+2構造），これが協調して滑りを生じて屈曲するのが繊毛，鞭毛の屈曲運動である．これによって繊毛や鞭毛は小物質や水流を後方へ移動させ，繊毛や鞭毛をもつ細胞自身は前方へ移動する．

繊毛は基底小体から伸び，鞭毛や星状体は中心体から伸びる．基底小体も中心体も三連微小管（トリプレット）が9対並んでできている．中心微小管はない．中心体は2つの中心小体が直角に並んだものであるが，2種のチューブリンの重合によりシングレットの星状体と分裂の際の紡錘体が伸びる．繊毛は基底小体の，鞭毛は中心体の三連微小管の2本から伸びてできるが，どのようにしてできるかはわかっていない．細胞分裂の際には，2つの中心小体のそれぞれの倍加によって新しい中心体が形成され，両極に移動し，そこから星状体が伸び，核膜が消えると紡錘体が形成される．

中間径フィラメント

中間径フィラメントは微小繊維や微小管と違って，細胞によって構成成分が異なる．その主要なものに，ケラチンフィラメント，ビメンチンフィラメント，ニューロフィラメントがある．上皮細胞にはケラチンの繊維が多く，繊維芽細胞など多くの細胞にはビメンチンの繊維があり，筋細胞にはデスミンの繊維が多く，神経細胞にはニューロフィラメントが多く分布する．

これらのタンパク質が重合した多量体の太い繊維を形成するが，あまり活発に変動することはなく，主として形の保持や細胞の機械的な強度の維持に役立っている．

=====Tea Time=====

細胞の極性

卵に動物極と植物極があるように，細胞には分泌液を分泌する側，繊毛の生える側などが決まっていて方向性がある．からだに頭と尾，前と後ろの方向性

があるように，このような方向性を極性と呼んでいる．極性は細胞にもある．細胞の極性は細胞骨格の繊維が決めているようだ．それは細胞膜の内側直下に微小繊維の重合の中心核があるからである（図4.1, 図10.1A）．

　微小繊維は細胞外からのシグナルに応じて素早く変動し，形を変えたり移動したりすることができる．それと同時に細胞内にも情報を伝達しなければならない．微小繊維はシグナルを微小管に伝え，中心体やゴルジ体，小胞体，核などの位置を定め，分泌活動の方向を決めたり，活性化を引き起こしたりする．

　この情報伝達のネットワークによって，環境からのシグナルに応じて，形の変化，移動だけでなく，物質の摂取，排出，外分泌などの細胞の機能に応じた活動を，正しい時期に，正しい方向に（消化液の分泌や物質の吸収，繊毛の形成など）行うことができる．

第11講

からだをつくり子孫を残す
2つの細胞分裂

> ── テーマ ──
> ◆ 動物はどうして成長するか
> ◆ 親と子の染色体の違い
> ◆ 2つの細胞分裂の違い

細胞分裂

　細胞の大きさは細胞の種類によってほぼ一定しているので，個体が大きくなるためには，つまり　個体が成長する際には細胞分裂によって細胞の数を増やすという方法による．また，上皮細胞のように失われた細胞を補うにも細胞分裂を行う．

　精子と合体して受精した卵は細胞分裂を始めるが，これは体細胞分裂といって，単細胞生物の場合は個体を増やすために行い，多細胞生物は細胞数を増やして成長し，分裂した細胞は分化して生命の営みを分業する．もう1つの細胞分裂は減数分裂といわれ，染色体数（遺伝子）を半減して精子や卵をつくり，子孫をつくるために起こる．生物の成長は主として細胞数の増加によって起こるが，細胞自体が大きくなる細胞成長（細胞伸長）による場合も植物では多く知られている．

　細胞分裂は，いずれの場合も，核分裂と細胞質分裂の2段階で起こる（図11.1）．核分裂は細胞骨格の微小管がその主役であり，細胞質分裂は微小繊維が主役で，その共同作用で細胞分裂を起こす．

　細胞分裂の基本は細胞数を増やすことにあるが，単に数を増やすだけでなく，細胞成分が混ざり合わないように仕切りをつくる細胞の区画化も主要な目的である．だから細胞分裂は無秩序に単に2つの細胞に分かれるのではなく，厳密に規則正しく行われ，分裂した細胞は少しずつ成分が異なってきて，遠く隔たっている細胞ほど成分の差は大きくなり，その結果それぞれの細胞の分化の方向も違ってくる．

　細胞分裂には方向性があり，卵の場合には，はじめは動物極と植物極の成分

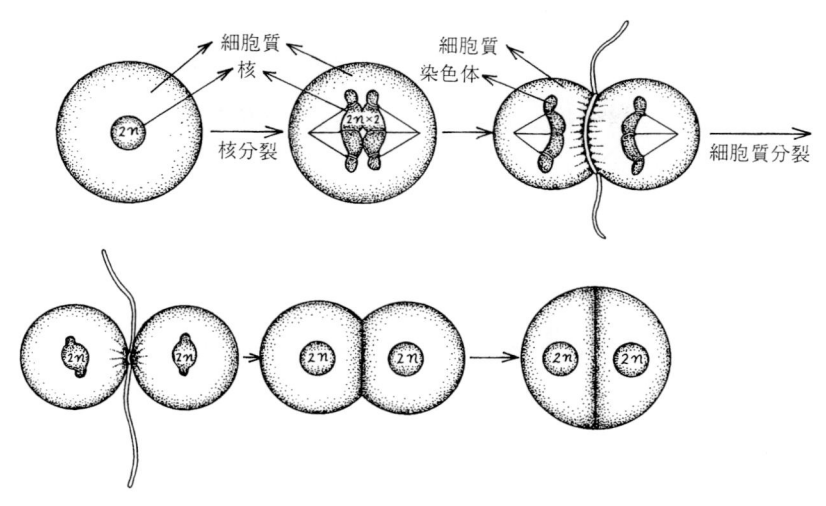

図 11.1　核分裂＋細胞質分裂（＝細胞分裂）の概念図

が均等に分かれるように分裂するし，胚や成体の細胞分裂でも厚さを増すためには横に分裂し，長く広がるためには縦に分裂する．この時，同じ成分の細胞数を増やす場合もあり，隣り合う細胞のわずかな成分の違いを混合しないように仕切りをつけるために起こる細胞分裂もある．細胞数の増加はからだの成長につながり，また数が多いだけ多様な分化が可能になる．

核 分 裂

　細胞分裂が起こるためには，まず遺伝子を倍加したうえで，核が分裂し，続いて核と細胞質を分けるように，細胞質分裂が起こる．

　核分裂を起こすためには，最初に中心体（2つの中心小体でできている）の中心小体はそれぞれ他方の中心小体を複製し，2つの中心体をつくる．現在中心体には遺伝子は見つかっておらず，研究中であるが，微小管形成中心（MTOC）も2つに分かれ，そこから微小管の重合によって，中心体および紡錘体，星状体が形成されると考えられている（図11.2）．

　2つの中心体が形成されると，星状体の形成に伴なって核の周りを移動して核の両端に位置し，その間に核膜も消失し，紡錘体もできる．一方，遺伝子を倍加して二分した染色体（染色分体）の動原体は紡錘体に結合する．核分裂は二分した染色分体が2つの中心体（極）に向かう逆方向の移動である．この移動は紡錘体の微小管（シングレット）の間のずれとチューブリンの脱重合による微小管の短縮によって起こる（図10.3，図10.4）．

　体細胞分裂の核分裂では，染色体が二分した同じ遺伝子をもつ染色分体が2方向に分かれるのが特徴で，分かれた染色体は同じ遺伝子で構成されている．

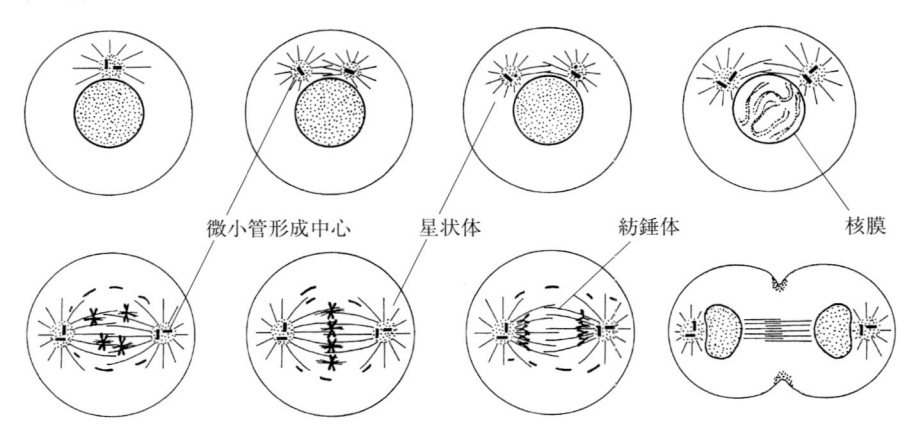

図 11.2 細胞分裂と中心体
中心小体が分かれて,それぞれ複製し,2つの星状体をつくる.

細胞質分裂

　核分裂の時にできた2つの中心体（トリプレット微小管）からは紡錘体のほかに星状体の微小管（シングレット）があり,星状体糸の先端は2つの星状体から細胞膜にまで伸びている.これを立体的に考えると,2つの中心体（両極）から最も遠い細胞膜には,両極からの星状体糸が細胞膜に沿って環状に二重に分配している（図10.3）.ここにアクチン分子が集まり重合して微小繊維を形成する.さらにこれが束になって細胞膜直下に微小繊維の束ができる.これを収縮環という.収縮環の微小繊維は収縮ではなく,相互の滑りによって絞るように収縮環の直径が小さくなる.これによって細胞膜が凹んで細胞質は二分した核を分配するようにくびれ（絞り）切られることになる.この頃までには核膜もできている.これが細胞質分裂である.
　このような核分裂と細胞質分裂を合わせて細胞分裂というわけであるが,この時期は染色体の状態によって,分裂期が前期,前中期,中期,後期,終期などと分けられている.前期,前中期,中期,後期が核分裂の時期で,後期から終期の終わりまでが細胞質分裂の時期である.

減数分裂

　動物の生殖細胞をつくる時の特殊な分裂で,2つの特徴がある.1つは2回の連続した分裂で染色体数が半減し,1つの母細胞から4つの娘細胞ができることである.他の1つはこの初めの分裂で遺伝子の交換が起こるため,個体の多様性を生じ,これが進化の要因になりうる点である（図11.3）.
　体細胞の染色体は父方の遺伝子をもつ染色体とそれと対立する母方の遺伝子

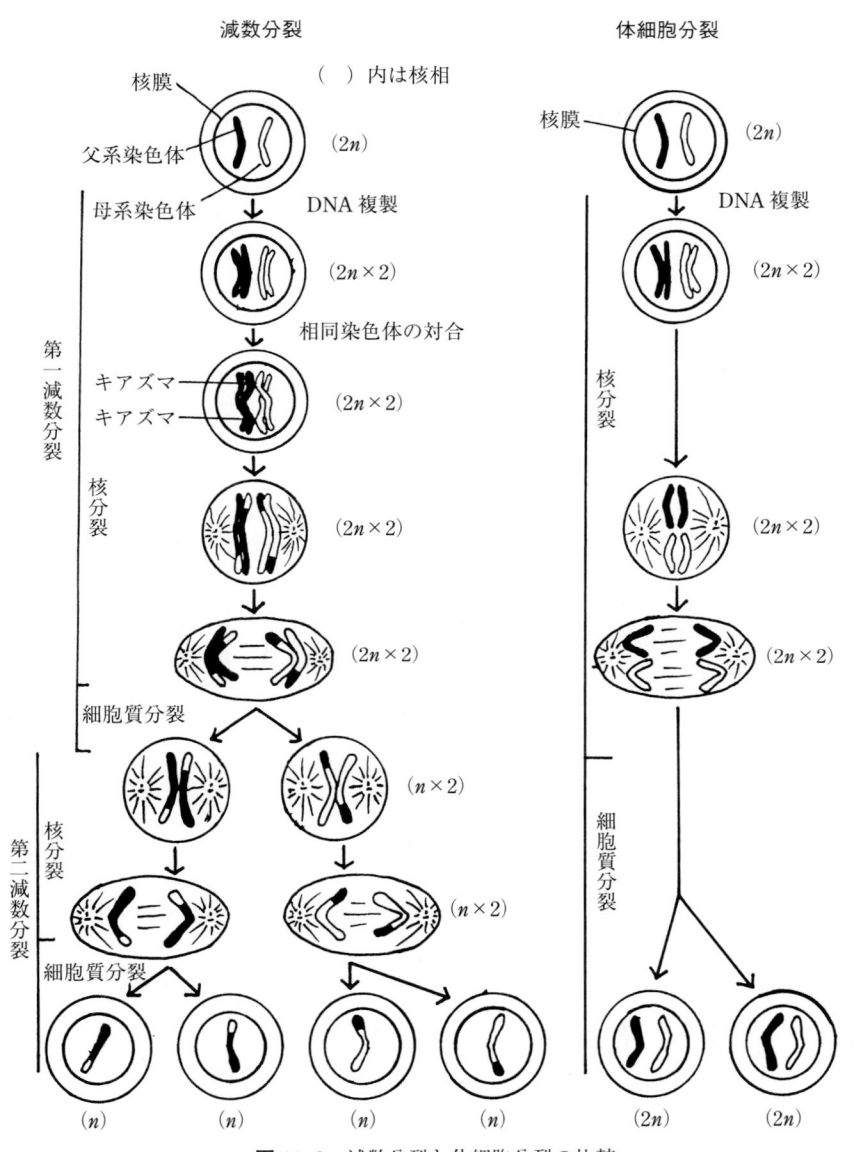

図 11.3　減数分裂と体細胞分裂の比較
（　）内の核相の $2n \times 2$ は，染色体は $2n$ であり，DNA 量が 2 倍であることを示す．この模式図では $n = 1$ である．

をもつ染色体があって，これを相同染色体といい，$2n$ で表す．たとえば，常染色体では 2A の A どうし，性染色体では女性が XX，男性の XY が相同染色体に当たる．

　2 回の連続した分裂を第一減数分裂，第二減数分裂というが，第一減数分裂では，DNA の複製によって DNA の倍加が起こり，凝縮して太くなって染色体となり，相同染色体が対合する．対合した染色体が紡錘体に直角に並ぶが，

この時染色体がくっついて染色体交差が起こることがある．交差した部分をキアズマといい，ここで染色体（遺伝子）が入れ替わることがある．そのため，分かれた染色体は父方の遺伝子と母方の遺伝子が混ざり合うことになる．時には祖父や祖母の遺伝子が混ざり込むこともあるわけである．その染色体が2つに分かれる（後期）が，この分裂は終期までいかずに，終期と次の後期をとばして細胞質分裂だけを行って2つの細胞になり，続いて第二減数分裂の中期に入る．

第二減数分裂は体細胞分裂と同様に染色分体が紡錘体に直角に並んで（中期），中心体の両極に分かれて終期になり，細胞質分裂を行って，最終的に4つの細胞ができる．できた細胞は遺伝子構成も染色体数も半分の n（$2n \to$

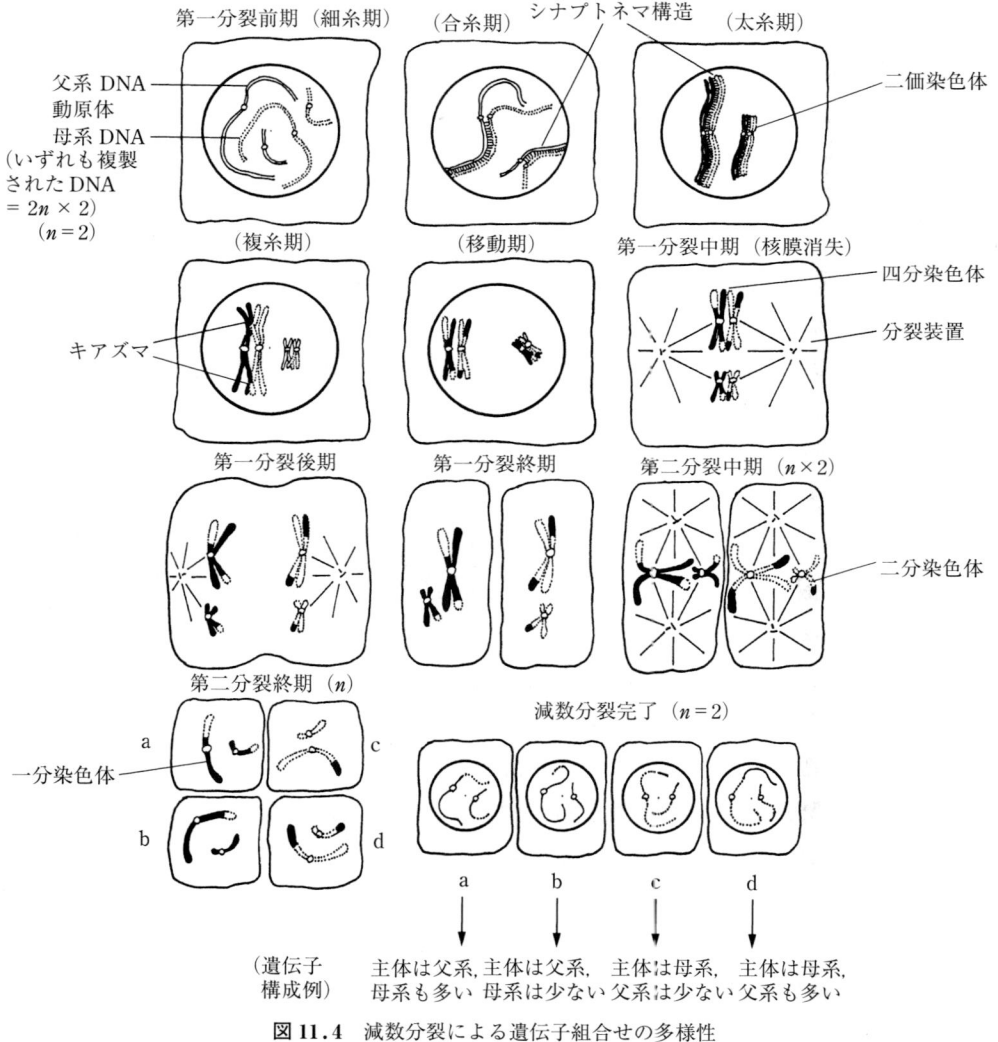

図 11.4 減数分裂による遺伝子組合せの多様性

$n = 2A \to A$, XX→X, XY→XあるいはY)の細胞である(図11.4).

===Tea Time===

細胞分裂(分裂溝)の位置の決定

　細胞分裂では，染色体と細胞質を二分するように細胞膜の凹み(分裂溝)ができて，紡錘体に垂直に分裂面ができることになる．このような細胞分裂は微小管でできた中心体と紡錘体と星状体(総称して分裂装置という)による核分裂と微小繊維でできた収縮環による細胞質分裂とで成り立っている.

　このような分裂で分裂溝がどこにどのようにしてできるかを示した巧妙な実験がある(図11.5).ウニの仲間のタコノマクラの卵は透明で卵内の様子がわかる．この卵が受精して最初の分裂の前に分裂装置ができるが，分裂後期の初めに細いガラス棒で，分裂装置を動かして卵の一方にずらすと，分裂装置が移

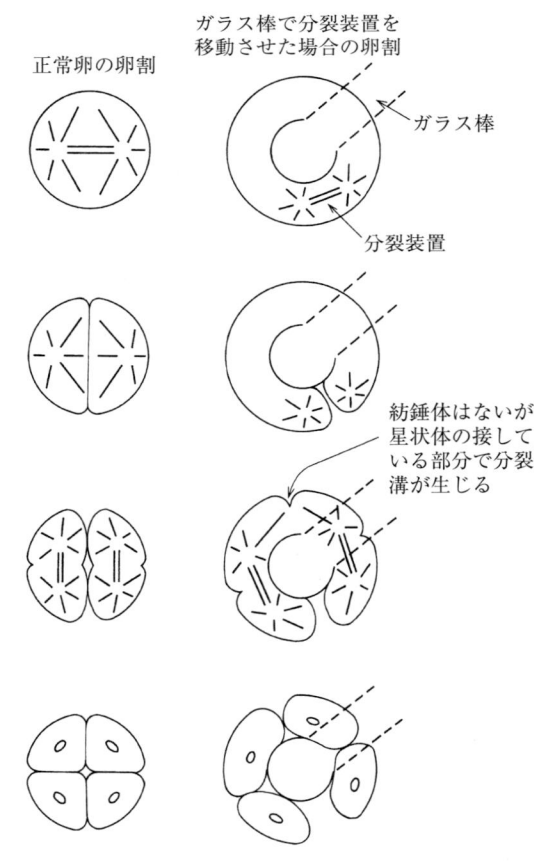

図 11.5　分裂面の決定 (Rappaport, 1974 より)
分裂装置を移動すると分裂の場所が変わる．

動した部分にだけ分裂面が入り，卵が2つに割れることはない．そのままにしておくと，次の分裂が起こるが，このとき卵は4つの細胞に分かれる．

　つまり，最初の分裂で1つの分裂面ができ，次の分裂で3つの分裂面ができるのである．このうち2つの分裂面は紡錘体に垂直にできるが，他の1つは紡錘体のない位置にできるのである．細胞質分裂の分裂講は中心体から伸びている星状体の先端が二重に分布する2つの中心体の中央の細胞表面にできるのである．

　微小注射器で，分裂後期以前に分裂装置を吸い取ってしまうと細胞質分裂は起こらない．また，分裂後期以後に分裂装置を吸い取ると，分裂装置はなくても細胞質分裂が起こる．

　2つの星状体からの二重のシグナル（信号）が細胞膜に伝えられると，そこにアクチン分子が集まって収縮環ができ，その収縮（滑り）によって分裂溝ができ細胞質分裂が起こるので，収縮環ができるようにシグナルが伝えられた後では分裂装置はいらない．

　したがって，分裂装置による核分裂と収縮環による細胞質分裂は連携しており，分裂装置の星状体の指令によって収縮環ができ分裂面が決定されることが明らかになった．分裂した細胞の大きさが異なる不等分裂の際には分裂装置の位置や大きさが異なることが知られている．

第12講

細胞分裂を制御する：
細胞周期

―― テーマ ――
- ◆ 細胞分裂はどうして始まるか
- ◆ 細胞の休止期（間期）には何をしてるか
- ◆ DNA 合成（複製）はいつ起こるか

細胞分裂の周期性

　からだが成長している時，細胞数を増やすために，細胞分裂が行われる．受精後の胚は 30 分程度の間隔で細胞分裂（卵割）を行っている．しかし，通常の体細胞は約 1 日 1 回（24 時間）のペースで細胞分裂を繰り返している．1 回の分裂サイクルの中で，DNA の複製と細胞分裂が周期的に繰り返されているが，この周期性を細胞周期あるいは細胞分裂周期という．

　細胞分裂では，顕微鏡で見える形で細胞分裂が起こる時期（分裂期）と顕微鏡では何も起こっているようには見えない休止期（間期）がある．この時期の名称は研究された当時の呼び名で，分裂期は単に染色体が凝縮し太くなって 2 つに別れる時期で，そのための準備として必要な DNA の複製（倍加）や複製の準備の分裂のためのタンパク質の合成などの準備（生化学的な反応）はすべて目に見えない休止期に行われている．

　分裂期は時間が短く M 期といい，染色体の状態で前期，前中期，中期，後期，終期などに分けられている．休止期は比較的時間が長く，細胞成長期あるいは DNA 合成準備期（G_1 期），DNA 合成期（S 期），分裂準備期（G_2 期）に分け，分裂を停止して分化した細胞の時期を細胞周期から外れた G0 期と呼んでいる（図 12.1）．

細 胞 周 期

　細胞分裂の周期は細胞によって細部は違っていても，大筋は普遍的に共通の法則性がある．1 つの細胞から 2 つの細胞をつくる時（増殖）に，DNA を正確に倍加（複製）し，その DNA（染色体）を 2 つの細胞に分配しなければな

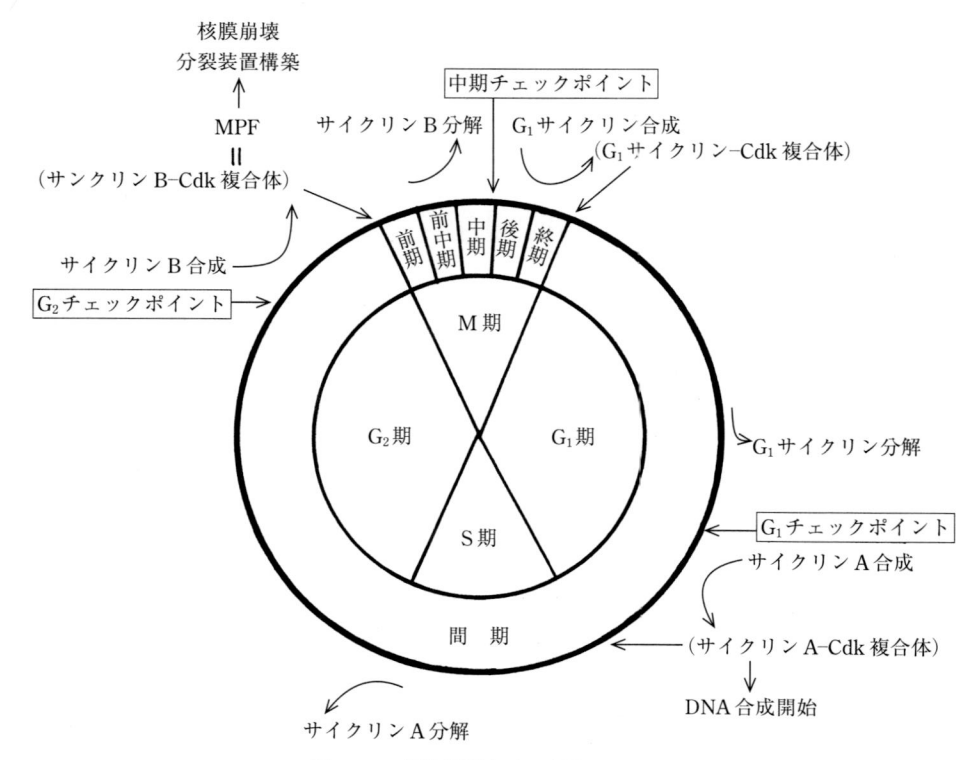

図 12.1 細胞周期とその調節のしくみ
3つのチェックポイントがあり，サイクリンとCdk複合体による引き金によって駆動する．

らない．当然，そこには周期的な順序がある．

　分裂が終わったばかりの細胞は半分近くに小さくなっているわけであるから，細胞質を増やして元の細胞の大きさにする細胞成長期がある．核内ではRNAの合成がはじまり，細胞質ではタンパク質の合成やミトコンドリアなどの細胞小器官の複製が起こる．さらに次に起こるDNA合成に必要な酵素タンパク質の合成が起こり，合成されたDNAと結合するヒストンの合成も始まる（G_1期）．

　次に，DNA，RNA，ヒストンの合成が主体になる時期（S期）が続く．S期が終わると，細胞分裂に必要な分裂装置のタンパク質（チューブリン）や分裂のための酵素タンパク質の合成が起こり（G_2期），これらの準備が終わると，すべての合成活性が失われて，細胞分裂が始まる．つまり，染色体が凝縮し，2つに別れる核分裂と細胞を2つにする細胞質分裂が行われる短い時期（M期）である．

細胞周期の制御

　細胞周期の順序は上のようであるが，これを進行させるのには，細胞周期調節系のタンパク質が働いて正しく作動するように調節されている．この調節を行っているのはサイクリンと呼ばれる周期的に合成と分解を繰り返すタンパク質と細胞質に常に一定量保たれているサイクリン依存性タンパクキナーゼ（Cdk あるいは Cdc（酵母））である（図 12.1）．細胞周期はサイクリンの分解とサイクリンと Cdk の結合による3つの細胞周期チェックポイントがあって，次の段階へ進む準備が整っているかどうかをチェックした上で慎重に進められている．

　最初のチェックポイントは G_1 チェックポイントで，G_1 期の終わり頃，細胞の大きさや DNA 合成の準備などがチェックされ，細胞成長が終わり，大きさがもとに戻って十分な大きさになっており，必要な酵素などの準備も整っていれば，サイクリン A が合成され Cdk と結合し，S 期に入って DNA 複製が開始される．DNA 合成が終わると，サイクリン A は分解され，G_2 期に入る．G_2 期の終わり頃，G_2 チェックポイントがあり，細胞の大きさ，分裂の準備などができているかどうかがチェックされ，十分であればサイクリン B が合成され Cdk と結合し M 期開始（分裂装置構築，核膜崩壊などの細胞分裂開始）の引き金が引かれる．

　サイクリン B と Cdk との結合複合体は MPF（成熟促進因子または M 期促進因子）と呼ばれ，分裂は M 期の中期まで進行するが，サイクリン B はすぐに分解されて MPF の機能は失われる．ここで中期チェックポイントがあり，染色体が中期になっているか（染色体が紡錘体の中央に並んでいるか）がチェックされ，合格すれば細胞質分裂が進行し，G_1 サイクリンが合成され，G_1 期に入る．

　こうして細胞周期はサイクリンの分解・合成と Cdk という酵素（タンパク質中のセリンとトレオニンをリン酸化することによって酵素を活性化する）との結合で制御されながら進行する．

成　長　因　子

　細胞周期を細胞外から刺激し調節するものに成長因子がある．成長因子は標的細胞の表面にある膜貫通受容体タンパク質と結合することによって，細胞内の複雑なシグナル伝達の連鎖的なネットワークを刺激する．この刺激は最初は細胞内の酵素キナーゼをリン酸化して活性化することから始まり，次のキナーゼ（リン酸化酵素）を活性化してリン酸化し，次々と活性化が伝わって，細胞

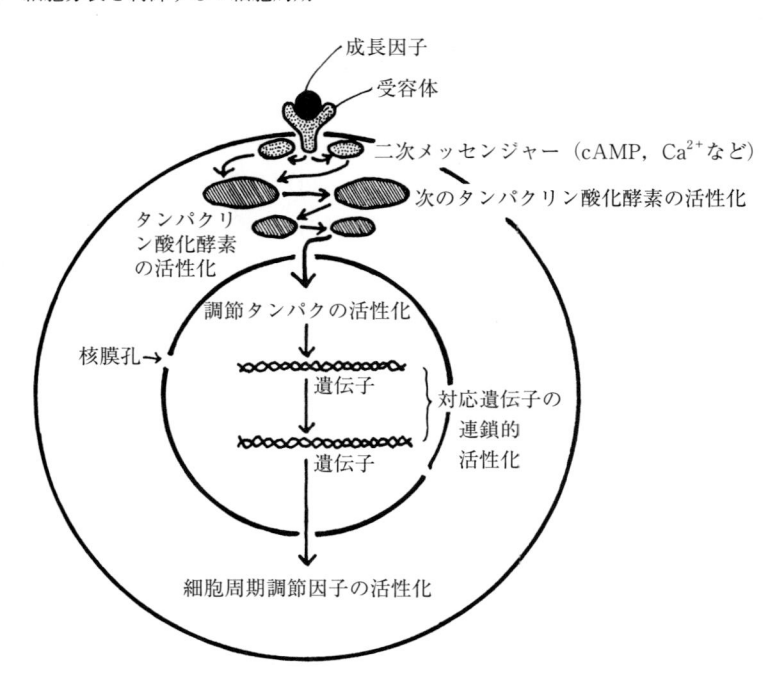

図12.2 成長因子の細胞内情報伝達の模式

質から核内に入りうる遺伝子調節タンパク質の活性化を起こし，細胞外からの情報を核内にまで伝えて，核内で調節タンパク質が結合することによって，遺伝子発現が起こり，転写を開始し，細胞周期を調節するタンパク質（たとえば，いろいろなサイクリン）の合成へと誘導する（図12.2）．

こうして新しい細胞増殖を促進するのは成長因子である．上皮細胞成長因子をはじめとして多数の成長因子が知られ，それぞれの因子の受容体をもつ細胞は成長因子によってその成長，分裂，あるいは分化を促進される．たとえば，ニューロンの成長は神経成長因子によって起こるが，この因子によって大きくなり，樹状突起や軸索などが発達する．赤血球も G_0 期に入ってから 100～120 日の寿命で脾臓で破壊され，骨髄で造血され補われるが，造血細胞刺激因子などによって血液細胞の増殖が促進される．

一般に，G_0 期に入る細胞は細胞分裂の回数が多くなるほど増加する．ついにはすべての細胞が G_0 期に入って分裂しなくなる．この成熟して分裂しなくなった細胞がいつまで機能しておれるかが重要であるが，細胞分裂の回数が多くなることあるいは細胞分裂能の低下が老化あるいは寿命に関連するかもしれない（第30講）．

Tea Time

胚の細胞周期はなぜ短いか

通常の体細胞分裂の細胞周期は24時間程度かかり，哺乳類の肝細胞では1年かかるものもある．しかし，胚細胞の分裂は非常に速く，ハエの胚で10分以内，ウニやカエルでは30分程度であることが観察されている．これはなぜだろう．

実は，卵に精子が入って受精し，細胞分裂を開始したものを胚というが，分裂の主体は卵の細胞質由来の細胞骨格（第10講）である．卵は卵巣の中で卵形成の過程でつくられるが，この過程で，多くの物質が合成される．分裂装置の材料であるチューブリンも細胞質分裂に必要な収縮環の材料であるアクチンもまたそれらの合成に必要なRNAも，この時期に合成される．

しかも，卵の細胞分裂では細胞成長はなく，分裂するたびに細胞は小さくなるのが胚の分裂の特徴である．したがって，G_1期がきわめて短い．また，細胞分裂の材料（チューブリン，アクチン，酵素など）も用意され，タンパク質合成もわずかだから，G_2期も短い．一般に分裂期（M期）は短くて，休止期（間期）が長いのであるが，胚の細胞分裂の主体はS期とM期であり，G_1期もG_2期も短いので，その細胞周期は短い．

第13講

細胞どうしのつながり：
細胞間結合と細胞間連絡

―― テーマ ――
◆ どんな細胞が結合するのか
◆ どんな方法で結合するか
◆ 細胞間の情報伝達はどうしているか

細胞間結合

　細胞分裂によって増えた細胞群はばらばらにならないために，あるいは細胞集団が協力して機能を果たすために，結合したり連絡をとったりしている．特に上皮の細胞間に多く，隣接する上皮の細胞は統一的に共同してはたらく必要があり横の連絡は重要である．

　上皮というのは，体の外面と内面のすべての表面を覆っている細胞層であるが，周囲の環境からの情報や隣の細胞からの情報などを受け取って対応しなければならないから，細胞間で協力あるいは連携することが重要になる．

　細胞間結合は密着結合と固定結合と連絡結合の3つに大別されるが，密着結合と固定結合は主として細胞間の固定に重要であり，連絡結合は細胞間の物質の移動あるいは情報交換に役立っている．これらの結合は横の連絡が重要であるから，細胞間ではほぼ同じ順序に同じ位置にあるのが特徴であり，細胞内の細胞骨格と連絡して細胞内情報伝達ネットワークと連絡することで核へも情報を伝えている．逆に核の情報が細胞表面に伝えられるのにも役立っている（表13.1）．

　密着結合は細胞間の外面に近いところにあり，細胞どうしが密着することにより，取り入れた物質の外部への流出を防いだり，細胞間の分子の通過を防いだりしている．

　固定結合には，接着帯というアクチン繊維の付着部位やデスモソーム，ヘミデスモソームなどという中間径繊維の結合部位などがある（図10.1）．したがって，細胞内のこれらの細胞骨格と結合することによって，細胞どうしの情報連絡にはたらいたり，細胞膜にある膜貫通タンパク質（膜受容体）と結合し

表 13.1 細胞間結合と細胞間連絡の代表例

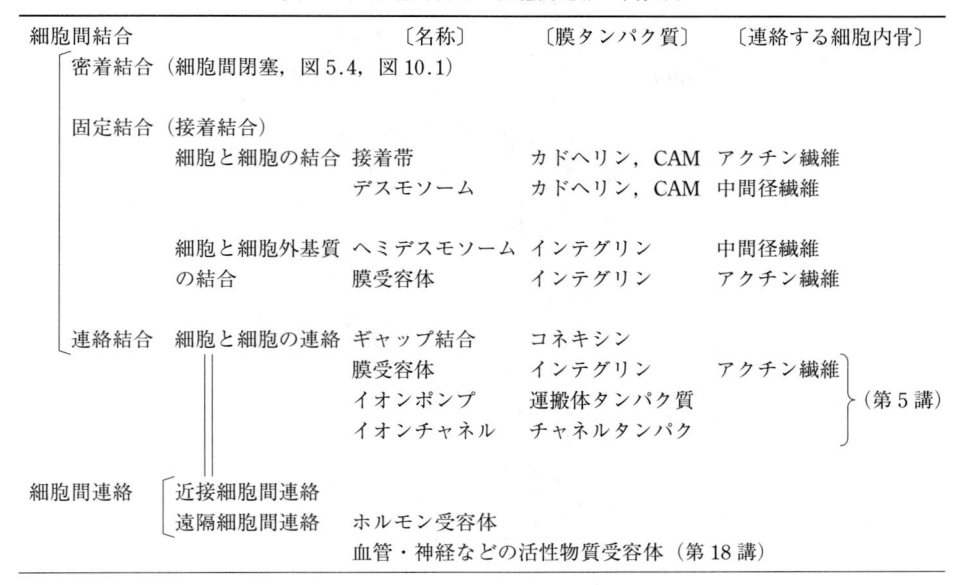

細胞間結合		〔名称〕	〔膜タンパク質〕	〔連絡する細胞内骨〕
密着結合（細胞間閉塞，図 5.4，図 10.1）				
固定結合（接着結合）				
	細胞と細胞の結合	接着帯	カドヘリン，CAM	アクチン繊維
		デスモソーム	カドヘリン，CAM	中間径繊維
	細胞と細胞外基質の結合	ヘミデスモソーム	インテグリン	中間径繊維
		膜受容体	インテグリン	アクチン繊維
連絡結合	細胞と細胞の連絡	ギャップ結合	コネキシン	
		膜受容体	インテグリン	アクチン繊維 ⎫
		イオンポンプ	運搬体タンパク質	⎬（第 5 講）
		イオンチャネル	チャネルタンパク	⎭
細胞間連絡	近接細胞間連絡			
	遠隔細胞間連絡	ホルモン受容体		
		血管・神経などの活性物質受容体（第 18 講）		

て，細胞外基質と連絡し，細胞外との情報交換や固定に役立っている．

細胞間結合の役割

　細胞間結合の密着結合は細胞と細胞の間をぴったり密着させて固定している．この固定は上皮細胞の外表面の近くに位置し，細胞の四方が隣接する細胞と密着しているわけであるから，内部のすべての細胞が覆われる形で包まれる．そのために，細胞間隙の溶液成分が細胞のすき間から外へ漏れないようにしている．また，小腸の上皮細胞のように，栄養分を吸収する細胞では細胞表面から吸収した物質が細胞を出てもすき間から腸の管の方へ逆行することはないから，血管の中へ一方的に流れ込むのに役立っている（図 5.4）．

　固定結合には，接着結合ともいって，接着帯のようにアクチン繊維（微小繊維）のような細胞骨格と結合していて，細胞内部に情報を伝えながら，細胞どうしが横に隣接する部分では細胞と細胞を直接結合しているものと，上皮組織の内面が基底膜と接する細胞の内表面は細胞外基質と結合して細胞外基質を介して細胞どうしが間接的に結合したり連絡するものなどがある．

　この結合は細胞膜にある結合タンパク質による．その代表的なものに，カドヘリンといって細胞間の Ca の存在で機能するタンパク質や細胞接着因子（CAM）と呼ばれる Ca と関係なく細胞どうしを結合させるタンパク質がある．これらにはいくつもの種類があって，カドヘリンも細胞接着因子も同じ種類（分子）のタンパク質をもつ細胞どうしだけが結合することができる．いずれ

図13.1に代表的な細胞間結合と細胞間連絡を示す。図中のラベル：アクチン繊維、密着結合、接着帯、中間径繊維、デスモソーム、ギャップ結合、ヘミデスモソーム。

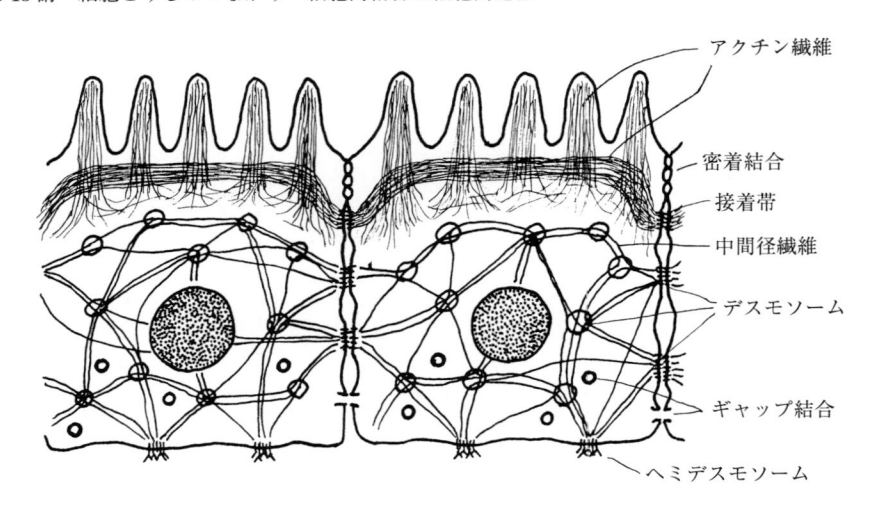

図 13.1 代表的な細胞間結合と細胞間連絡

も膜貫通タンパク質であり，情報は細胞質を経て核に伝えられる．

また，細胞外基質（ECM）のタンパク質と結合する受容体タンパク質を細胞膜にもっていて，この受容体をもっている細胞だけが細胞外基質のコラーゲンやラミニンやフィブロネクチンなどのタンパク質と結合し，これを介して間接的に隣接する細胞と連絡する．これらの膜タンパク質は遺伝子によってつくられるから，タンパク質がなくなると細胞は離れ，合成されると結合するというように，細胞の離反・移動・固定に役立っている．また，細胞内付着タンパク質や細胞骨格とも連絡しているから，細胞質や核への情報の伝達にも役立つ（図13.1）．

細胞間連絡

細胞間連絡には第5講で述べた細胞膜受容体（膜貫通タンパク質）やイオンチャネル，イオンポンプなどによる情報伝達があるが（図5.2），特記すべきものに，細胞間結合を兼ねている連絡結合がある．

連絡結合の代表的なものはギャップ結合や神経細胞の化学シナプスがある．ギャップ結合はほとんどの細胞でみられる構造で，分子量1000ダルトン以下の小さな分子や無機イオンが通過することができるので，遊離アミノ酸や単糖類が通過できるだけでなく，細胞内情報伝達に必要なcAMPやCaなどが細胞間を行き来することができるチャネルになって，細胞間の情報伝達を行っている．cAMPやCaは細胞内のセカンドメッセンジャーといわれ，cAMPやCaの増加によって，細胞内タンパク質などの活性化が起こり，そのタンパク質を

経て情報を核に伝達するので，セカンドメッセンジャーは重要な仲介物質である．

細胞間連絡の役割

ギャップ結合はコネキシンと呼ばれる膜貫通タンパク質に囲まれた穴（コネクソンという）をつくり，隣接する細胞膜のコネクソンと対峙している．そのため隣接する細胞間にはすき間ができるが，2個のコネクソンは通じているので，小さい分子の通路となる．しかし，コネクソンは細胞質のpHが低下したり，Ca量が増加すると閉じる変動性があるので，物質代謝などを調節している可能性がある．

また，神経細胞の軸索の終末部分にあるシナプスでは神経の興奮が伝えられると，Caチャネルが開き，Caの流入を引き起こし，シナプスの神経伝達物質がシナプスから出て，シナプスに隣接する細胞に興奮を伝えている．

この時，神経伝達物質として，運動神経や副交感神経からはアセチルコリンが放出され，交感神経からはノルアドレナリンが放出され，それぞれ隣接する細胞の受容体と結合することによって，その細胞膜のイオンチャネルを開かせて情報を伝える（第18講）．情報が伝わると，伝達物質はすみやかに分解されて興奮はおさまる．

細胞間結合も細胞間連絡も隣接する細胞が連携して諸種の刺激やシグナルを共有して，細胞機能を共同して果たしたり，調節を図ったりするネットワークである．

═══Tea Time═══

細胞の移動

細胞はどのようにして移動するのだろうか．また，どこでその移動は止まる（定位する）のだろうか．

細胞の移動にはいろいろな方法がある．最も多く観察されているのは，細胞が細い仮足を出して移動先を探し，その仮足で細胞本体を引っ張るという方法である．この仮足は微小繊維（アクチン繊維）の束でできており，核の遺伝子の産物であるタンパク質の指令で形成され集合したものである．つまり，細胞の移動は遺伝子の指令による．

同じように，微小繊維と微小管の共同作用で細胞が細長くなり，それがつぎに収縮する伸び縮みを繰り返す方法で，細胞の位置が移動する．ちょうどシャクトリムシの歩行のような方法もある．これと似た方法で，一般的な細胞の変

形がある．細胞が偏平な形になることで，細胞層は薄くなるが，細胞は横に広がっていく．これに余分な細胞が間に挟まってくれば，細胞はますます横に広がっていく．逆に細胞群が一緒に縦に細長くなって集まれば，細胞層は厚くなり広さは縮まる．場合によっては細胞隆起・突出や陥没の原因になる（図10.3）．

　さてこの移動がどこまで続くかというのが問題である．それは第5講で少し触れ，この項で述べた細胞表面の接着因子と細胞間あるいは基底膜の細胞外基質（ECM）にある結合性タンパク質が重要である．細胞は細胞表面で同じ接着因子をもっている細胞を探し，あるいは細胞外基質の結合因子を探して結合するが，濃度依存的に移動し接着因子と結合因子の濃度が飽和されバランスがとれたところで移動が止まるのである．つまり，細胞の定位である．実験的に結合因子に対する抗体をつくり，これを細胞の予定進路に注入すると，結合因子は抗体と結合し，細胞の移動が止まることが確かめられている．

第14講

細胞分化の方向

テーマ
- ◆ 細胞が集まるとどうなるか
- ◆ 胚葉とは何か
- ◆ 胚葉から何ができるか

卵割と胚葉

　細胞は卵が分裂することによってでき，数を増して集団をつくり，胚葉となり組織を構成してからだをつくる．一般に卵にははじめから構成成分の分布に偏りがあり，タンパク質などの多い動物極とリン脂質などを含む卵黄の多い植物極があり，動物極の方が細胞分裂が活発である．そのため，動物極側の方が速く分裂し，細胞は小さくなり細胞数も多くなる．植物極側はタンパク質が少なくて分裂しにくく，分裂しないか分裂してもできた細胞は大きく，小さくなるまで分裂するには時間がかかる．この受精卵の細胞分裂を卵割という．卵割を始めた卵は胚と呼ばれる．たとえば2つに割れた卵は2細胞期の胚という．

　卵割は構成成分の偏りをそのままに仕切りをつくるから，できた細胞（割球）の性質は少しずつ違う．その典型的な例がカエルの胚，特に胞胚（細胞移動が始まる前の胚）である．動物極側の割球は小さく，植物極側の割球は大きく数も少ない．植物極側には卵黄が多く卵割しにくいからである（図14.1，図14.2）．

　受精卵は細胞成分の差があるだけでなく，受精によって開始される遺伝子発現によって動物極側と植物極側の細胞の成分の差はますます大きくなる．動物極側のタンパク質は多くて分裂に必要な物質的な準備は整っているから，動物極側は急速に分裂し，細胞数を増やす．すると，この細胞は隣接する細胞を圧迫し，胚の中に押し込めるか，分裂した割球が胚を上から中の割球を包むように広がることになる．

　動物によって方法は違うが，卵割が進み細胞数が多くなると，胚を包む細胞群，包まれる細胞群，胚の中に落ち込む細胞群などができる．こうしてできた

74　第14講　細胞分化の方向

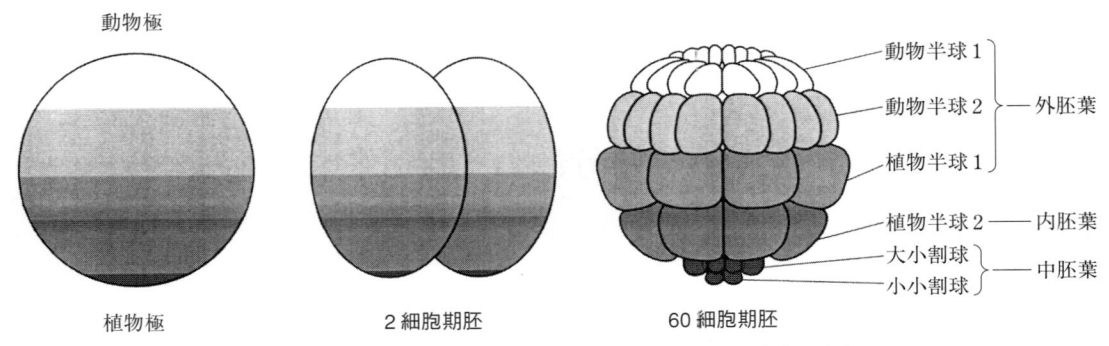

図14.1　ウニ卵の不均一性と細胞（割球）と胚葉への成分の分布

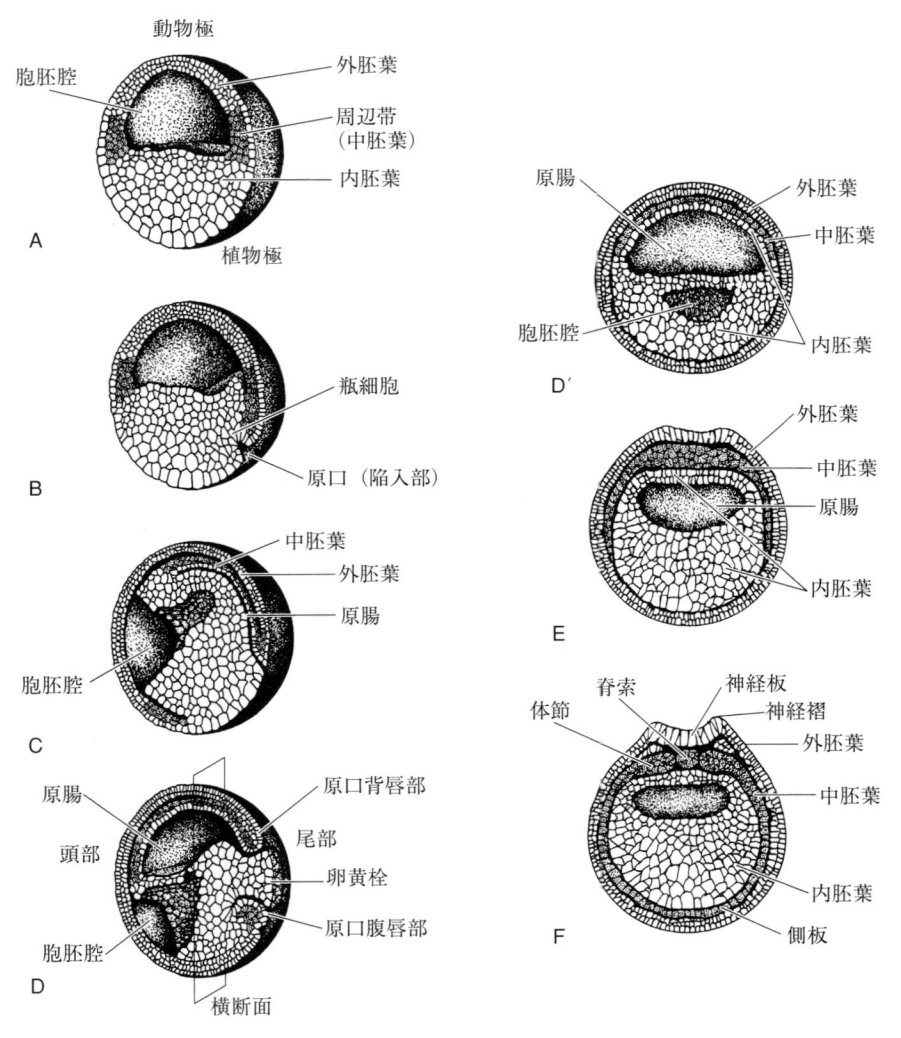

図14.2　カエルの胚葉のでき方（Wolpert, 1998 より）
A～Dは縦断面，D′～Fは横断面，DとD′は同じ原腸胚後期．

細胞の集まり（細胞層）が明確に区別できるようになると，それぞれの細胞群を胚葉という．胚の外側の細胞を外胚葉，胚の中の細胞群（層）を内胚葉という具合である．多くの動物の胚では外胚葉と内胚葉の間にもう1つの細胞群が分離してきて3つの細胞層（胚葉）ができ，これを中胚葉という（図14.3）.

中胚葉の形成

　胚の外側の細胞層（外胚葉）と内側の細胞層（内胚葉）の2層の細胞層の違いは，多くの動物の胚の最初にできる細胞集団の区別である．外側の外胚葉は胚全体を覆う位置にあり，成長した個体になっても，やはりからだの表面を覆う位置にある，あるいはそこから分化してできる組織や器官になる．つまり，後に表皮や神経系や感覚器官などをつくるもとになる．内側の内胚葉は将来，

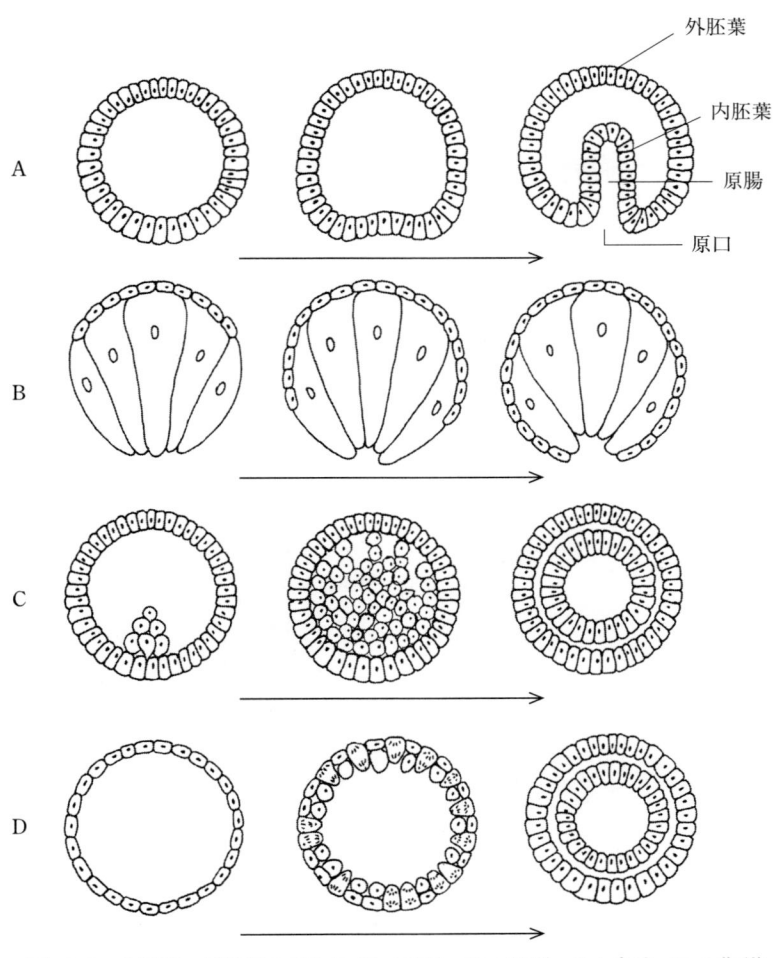

図 14.3　内胚葉，外胚葉のでき方（A：陥入，B：被覆，C：内殖，D：葉裂）

からだの内側の胃や腸のような消化管と肺，肝臓，膵臓のような付属機関の上皮になる．したがって，外胚葉と内胚葉しかできない動物は，そこからできる組織・器官で生活できる単純な体制の動物だけである．高等な動物になると，この2つの胚葉のほかに，この間にもう1つ胚葉ができる．これを中胚葉という．将来の筋肉や骨や血管のもとになる．しかし，どんな器官でも主役を演じる上皮だけでは実際に機能するのはむずかしい．その器官に栄養を運ぶ血液や器官を強固にする筋肉や場合によっては骨格も必要である．そのでき方は動物によってさまざまであるが（図14.4，図14.5），その比較などは発生の分野で

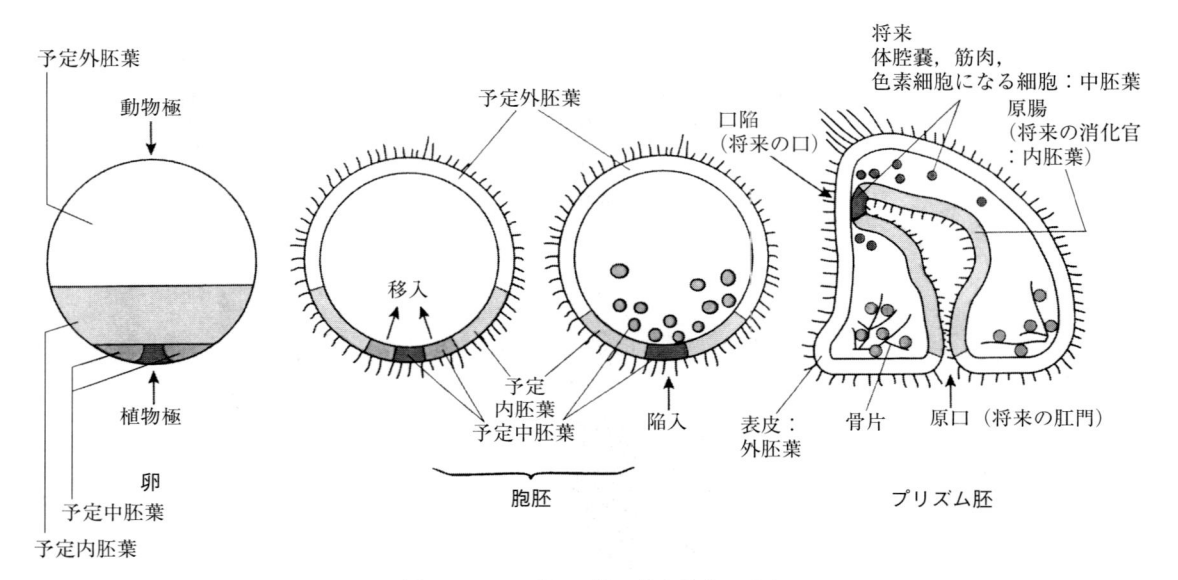

図 14.4 ウニ卵の不均一性と胚葉の形成

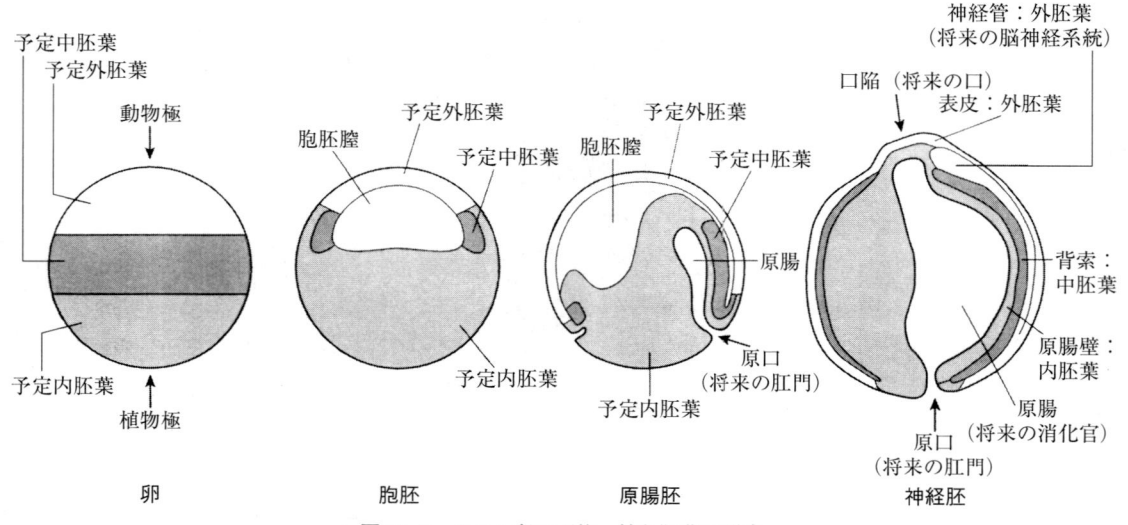

図 14.5 カエル卵の不均一性と胚葉の形成

詳しく述べる．

各胚葉のできかた

　細胞の集団は動物によって2つまたは3つの細胞層をつくるわけであるが，実はどの細胞が将来何になるかは，受精卵のときにおおよそ決まっている．たとえば，カエルでは動物極側の細胞群が外胚葉になり，植物極側の細胞群が内胚葉になる．この中間に位置する細胞群が中胚葉になる．そして各胚葉からできる器官は決まっている（図14.5）．

　これを決めるのはやはり遺伝子である．卵の中で特別な遺伝子あるいは遺伝子の産物（RNAやタンパク質）が偏って分布している．カエルやウニの場合にはこれを決める物質は植物極にある．この物質の影響でかの有名なオルガナイザー（形成体）ができ，その影響で外胚葉や中胚葉ができる．

　つまり，植物極側からの物質の広がり，あるいは物質の広がりによる情報の伝達によって，細胞が影響を受けて，同じ影響を受けた細胞が集団となって外胚葉になるし，別の影響を受けると，その細胞群は中胚葉になってしまう．影響の発信源になった植物極側が内胚葉になるのである．このような方向性あるいは細胞の将来性の決定が分化の始まりである．これはカエルの各胚葉のできかたを一例として示したが，ウニではやや異なった方法である．細胞移動の様式が違うために，各胚葉の位置関係が異なっている（図14.4）．ヒトを含めた哺乳類ではなお複雑であるが，ここでは各胚葉の将来の分化あるいはどの胚葉が何になるかはすべての動物で同じであることを強調するにとどめ，具体的な細部にわたっては発生の分野にゆずることにする．

========Tea Time========

細胞の将来の運命は変えられるか

　受精卵の中で，卵割によって細胞数が増えてくると，それらの細胞の移動する方向や何になるかという運命も決まるが，この運命は実は環境を変化させることによって変動させることが可能である．しかし，正常に発生し成長する場合には変動することはない．

　細胞数が増えた胚の一部分の細胞を切り取って培養すると，この細胞群は分化しない．細胞塊のままである．つまり細胞は特定の細胞群と共存して，その影響を受けないと，分化できないのである．そして何と共存するかによって分化の方向（運命）が決まる．

　たとえば，消化管になる内胚葉と表皮になるはずの外胚葉を一緒にして培養

すると，情報発信源の内胚葉は管をつくって消化管になるが，外胚葉は運命が変えられて筋肉になってしまう．つまり，外胚葉の発生運命が中胚葉に変わったのである．内胚葉を情報発信源としたのは，内胚葉は他の細胞群を接触させた時，内胚葉の発生運命は変わらないが，接触した他の細胞群の発生運命が影響を受けるからである．

　このような影響力が遺伝子（DNA）や遺伝子産物（タンパク質）によるものであることがわかっている．内胚葉に接触させることで，隣接する細胞群は中胚葉に分化する遺伝子群が発現するようになるのである．

第 15 講

細胞の集団：組織

― テーマ ―
◆ 組織ってなんだ
◆ どうして組織ができるか
◆ どんな組織があるか

細胞と組織

　細胞は数を増やし成長し大きくなるが，それと同時に場所を移動して集まり，まず胚葉に分かれるが（第 14 講），さらに細かく分化して，同じ構造と機能をもった細胞が集まって特定の機能をする細胞群を形成する．たとえば，表皮とか筋肉とか神経とかいう細胞集団である．これらを組織という．

　人体のような高等動物では，組織は上皮組織，筋肉組織（筋組織），神経組織，結合組織の 4 つに大別されている．上皮組織はからだの外面と内面を覆う，いわばからだを内外から包んでいる多彩な機能をもつ細胞群である．したがって，上皮組織は外胚葉や内胚葉からもできる．からだの外側の表面を覆う外胚葉と，からだの内面つまり消化管や付属器官の表面にあって消化吸収など特別な機能を行う細胞である．

　筋肉組織はからだの運動のために，収縮と弛緩ができる高度に分化した（それしかできない）組織である．中胚葉からできていろいろな器官の形成にあづかっている細胞群である．神経細胞はからだの外側表面（外胚葉）が特殊な形態形成運動を行い，位置を変え，特異な分化をしたもので，外界からの刺激や体内の情報を伝えるために分化した被刺激性と伝導性をもつユニークな神経細胞の集合である．結合組織は一言では表現できないほど多様な組織で，基本的には組織を保護し，支持し，異種の組織間を結合している．血液やリンパ液や骨のような代表例にみられるように，細胞外基質が多いのが特徴である．

　細胞が集まって胚葉を経て組織になり，それぞれの組織は特有の機能をもつように分化するから，この組織がさまざまな形で集まって器官をつくり，それらが固有の能力をもち作用する．器官の機能はそれを構成する組織の機能の総

細胞から組織へ

単一の細胞である受精卵から，細胞分裂によって細胞数を増やし，胞胚と呼ばれる胚の頃までは細胞を小さくしていくが，やがて細胞は小さくなれなくなって，細胞数が増えるに従って胚（幼体）は大きくなっていく．これが成長であるが，この時単に大きくなるだけでなく，細胞の移動が起こる．これが胚葉の形成であり，形をつくる最初の運動で形態形成運動と呼ばれる．

胚葉が将来どんな細胞になるかはある程度大まかには決まっている．それが時間とともに移動した場所の環境に従って決定的に（最終的に）決められる．これが3つの胚葉の形成である（第14講）．この時内容（構成成分）の似ている細胞はほぼ同じ方向に移動する．しかし，隣接する細胞にも影響を受けるので，似た細胞でも場所や存在位置（内側か外側か，先か後ろかなど）などによって，将来どうなるかが違ってくる．つまり，細胞がどんな組織の細胞に分化するかは，胚の中での細胞の位置と隣接する細胞あるいは周囲の環境に支配されて決まる．

たとえば，上皮組織の中の表皮の細胞は表皮の幹細胞から分化するが，上肢（手や腕のもと）の基部にある細胞は腕の表皮になるし，先端の細胞は指の表皮になり，その最先端には爪ができる．骨の細胞は造骨細胞からできるが，頭部の造骨細胞は頭蓋骨になり，からだの下部の造骨細胞は大腿骨などになる．また，内側から外側かによっても将来の運命が違ってくる．たとえば，中胚葉には筋肉になる細胞の集団がある．筋節と側板という細胞集団である．筋節は

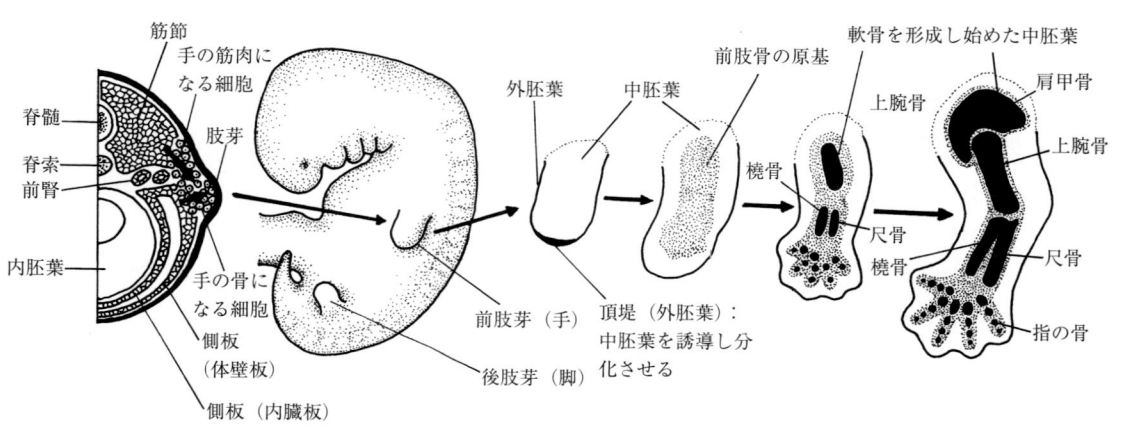

図 15.1 前肢芽（手の原基）と腕の形成の関係を示す模式図

手足や背中の筋肉（横紋筋）になり，側板は細胞集団がからだの内側と外側に分離する．内側は消化管や心臓などの筋肉組織（平滑筋や心筋）や結合組織になり，外側の細胞は腹筋や胸筋のような体表に近い筋肉（横紋筋）になる．このような筋肉の分化はからだの内側の細胞か外側の細胞か，あるいは上部（手，腕）か下部（脚，足）が中央（背中）かによって筋肉（横紋筋）の分化が違ってくるよい例である（図15.1）．

　同じ将来の運命を背負う細胞でも，どの場所にあるか，移動のしたかによって，将来の決定的な結果が違ってくる．これもその細胞の周囲の細胞の影響や位置によって何になるかを決める遺伝子や遺伝子産物（RNAやタンパク質）の影響（指示）によるものである．細胞は同一個体なら同じ遺伝子を含んでいるが，卵や胚（将来どんな組織・器官になるかは早くから決まる）のどの位置にあるか，時には環境（細胞周辺の体液や細胞）の違いによって遺伝子発現が違ってくる．そのために同じ胚葉で将来どんな組織になるかがおおよそ決まっていても場所によって正確な最終運命は異なってくる．このような相違はからだをつくる発生・成長の途中で接する細胞・組織によって（あるいは環境によって）細胞の分化の方向が違ってくることによる．

=====Tea Time=====

からだの極性

　ヒトのからだを例にすれば，ヒトのからだには，頭と足の方向（上下）があり，前と後（腹と背中）の関係がある．さらに左右があり，この3つの方向性があって，これで方向を定めて運動する．普通の哺乳動物ならば，前後，背腹，左右の方向である．この関係はほとんどの動物の基本形である（図15.2）．

　実はこの関係はからだができるときに細胞が移動する際の基準にしている物質（あるいは遺伝子の発現によってできる物質）があるらしい．その本体はまだ解明されているとはいえないが，同じ筋肉がその場所に応じて運動するようになるし，骨をつくる造骨細胞も場所によって，形やはたらきが違ってくるのは，からだの中の場所（位置）によるといってしまえば簡単だが，その位置を細胞がどうして何を基準に判断しているのかと考えるとむずかしい．極性については，よくわかっていることもあり，発生の巻で詳しく述べることになるが，ここでは，からだにもその部分部分の細胞にも極性という方向性があって，規則正しい組織・器官・個体ができていることを述べるにとどめる．だから同じ種の動物ならば，組織や器官のある場所は決まっているし，それをつくる1つ1つの細胞の方向も秩序正しくそろっている．そして正しく機能し，方

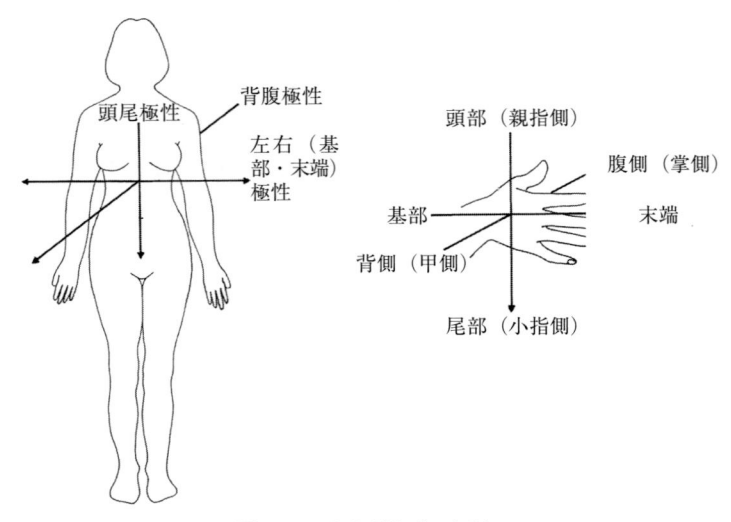

図 15.2 からだと手の極性

向性のある活動を遂行することができる．

第 16 講

動物の種類と組織構成の違い

―― テーマ ――
◆ どんな動物にどんな組織・器官があるか
◆ その違いはどうしてできるか

動物の種類

　動物の分類をみると，いろいろな動物がいて動物の種類によってさまざまな機能をもっているものが多いことに気づく．しかも特異な機能をもつ器官はみんなその生物が生存していくのに不可欠な構造である．昆虫の眼の付け根にある平衡器官は眼で見て平衡を保っているし，昆虫や鳥の脚の特別な筋肉のしかけは木に止まって眠ってしまっても落ちないようにできている．

　動物は大きく分けて，脊椎のない無脊椎動物と脊椎をもつ脊椎動物とに分けられる．単細胞動物や昆虫やウニなどは無脊椎動物である．魚類や鳥類や哺乳類は脊椎動物である．無脊椎動物の下等なものでは，単細胞動物はもちろんだが，多細胞動物でありながら組織や器官のない動物がいる．

　ゾウリムシなどの単細胞動物で細胞小器官と呼ぶものがあるが，これは正しい意味の器官や組織ではない．多細胞動物（後生動物）でもニハイチュウ（二胚虫）やカイメンなどは細胞の中で特定の役割をもつ分化した細胞はあるが，まとまった協同性のある組織は形成されていない．もちろん器官はない．それでもからだ全体を有効に利用して栄養をとり老廃物を排出しているし，環境依存的に一時的に生殖細胞を分化させて生殖を可能にし，子孫を残し種族維持をはかっている．

　組織や器官をもつほど高等な動物といえば，クラゲやサンゴのような腔腸動物やクシクラゲのような有櫛動物以上の動物である．腔腸動物は食物を捕食する触手をもち，消化管として役立つ分泌細胞，食細胞が並ぶ胃腔（内腔）ができており，反応性のある神経系とからだを支える骨片がある．固定的ではないが環境変化（温度差）によって一過性の生殖器官をつくり，種族の維持を可能にしている．しかし，腔腸動物でも呼吸器官，循環器官，排泄器官などはな

い．このような器官をもっているのはプラナリアのような扁形動物以上の高等動物である（図 16.1）．

どうしてこのような違いができるのだろうか．細胞が集まって共同作用をする組織ができてはじめて器官形成が可能になるから，器官をもつ個体の発達は組織ができるか否かにかかっているわけである．

動物の体制と
胚葉，組織，器官の分化

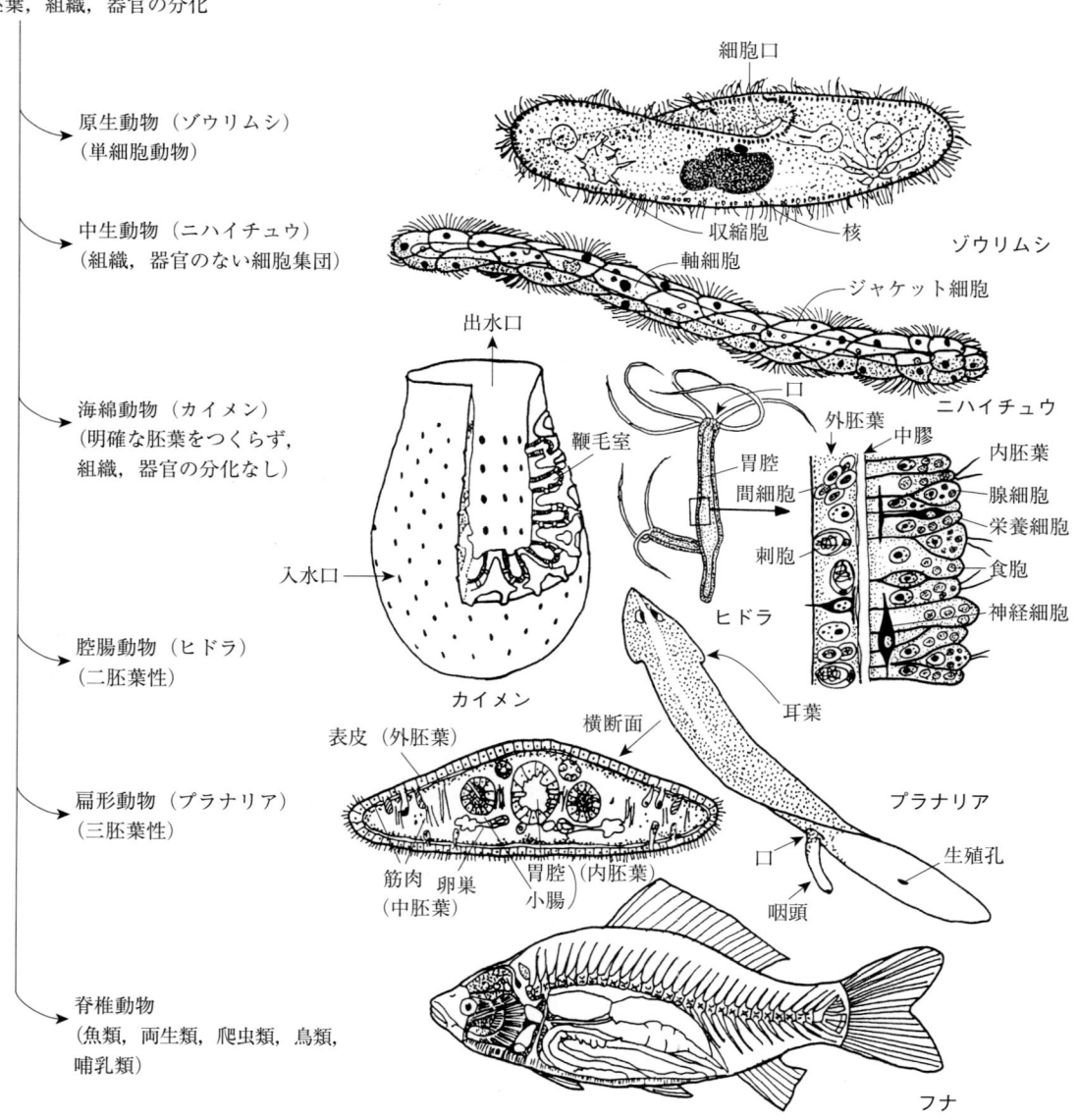

- 原生動物（ゾウリムシ）
  (単細胞動物)
- 中生動物（ニハイチュウ）
  (組織，器官のない細胞集団)
- 海綿動物（カイメン）
  (明確な胚葉をつくらず，
  組織，器官の分化なし)
- 腔腸動物（ヒドラ）
  (二胚葉性)
- 扁形動物（プラナリア）
  (三胚葉性)
- 脊椎動物
  (魚類，両生類，爬虫類，鳥類，哺乳類)

図 16.1　動物の種類と組織・器官の分化

組織の形成

前述したように（第14講），組織ができるためには，まず胚葉の分化が必要である．ところが，単細胞動物はもちろん，多細胞のニハイチュウやカイメンでは特別な胚葉というものはできない．受精後，細胞分裂が起こって，細胞集団（通常の胞胚のような）ができると，それぞれの細胞が移動して多少の個体の外側と内側のような分化が生じて細胞に分業がみられるが，協力して機能するような胚葉はできない．

中生動物の一種ニハイチュウは細胞数が20〜30程度の特殊な動物で，繊毛の生えた細胞が表面を覆い，中央の細胞は環境が悪化した時には生殖を行う細胞が分化する他の動物にはまねのできないしかけをもっている．

海綿動物のカイメンは種類は多いが，いずれも中膠と呼ばれるジェリー状のゲルの中に細胞が散在し，中央に消化作用をする細胞が並んで消化管のような管（水溝）をつくり，水流をつくる鞭毛室や骨格（海綿質と骨片）の分化がみられる程度で，組織・器官にまでまとまった分化はしていない（図16.1，図22.1）．

腔腸動物や有櫛動物になると，内胚葉と外胚葉の分化がみられる．それが非細胞性の中膠で仕切られて，一応3層になっている．それは細胞塊である胞胚から，細胞が胚内に落ち込むこと（内殖）によって内胚葉（内細胞層）と外胚葉（外細胞層）が分化するのである．内胚葉は消化器官系を形成し，消化作用をする栄養細胞や腺細胞がある胃腔のような器官といえるものが分化している．外胚葉は上皮（表皮）を形成し，網目状に広がる神経系もある．これらはネットワークをつくっており原始的な組織といえる．上皮組織と神経組織とそれらを連絡し，固定している結合組織である．しかし，中胚葉はないから，それに由来する器官はない．雌雄異体と雌雄同体があり生殖細胞などは外胚葉の細胞が繁殖期になると分化する．ヒドラ，クラゲ，イソギンチャク，サンゴなどがこの動物群に含まれる．

プラナリアのような扁形動物になると，内胚葉（消化系），外胚葉（表皮系）のほかに中胚葉ができて三胚葉ができる．外胚葉の前端に脳，神経系，眼などの器官も分化する．中胚葉は外胚葉からできるものと内胚葉から細胞群が分離してできるものがある．中胚葉からは筋肉系，排出系，生殖系の組織・器官ができるが，循環系，呼吸系の器官や肛門などの分化はみられない．無脊椎動物のせいであろうか，からだの分化した構造を保つために，縦走筋，環状筋，背腹筋があり，縦走筋と環状筋はからだを伸縮させて個体が移動するのに役立ち，背腹筋はからだがつぶれないように背腹方向をしっかり支えて中胚葉性器

官を保護している．しかし，体制が単純なせいか，消化器官や生殖器官の1つ1つを筋肉の伸縮で作動させるほど個々の分化はなく，筋肉の全身運動で調節している（図16.1，図22.2）．

　環形動物や軟体動物などになると循環系や排出系の器官も肛門もできる．このように，動物は体制が複雑になるにつれて細胞分化が進んでくるが，それも同じ機能をもつ細胞群がまず分化して分かれ胚葉をつくり，胚葉の中から表皮と神経のような区別を生じて上皮組織と神経組織との分化が成立する．さらに，体制が複雑になり，他の器官とは個別に孤立して機能を営む必要が生じた時，他の組織（神経，血管などを含んだ筋肉組織，神経組織，結合組織など）がからんで形を保ち機能を永続させることが可能な器官の形成が成立する．したがって，器官形成には組織集団の集合，連携が必要である．

=Tea Time=

プラナリアの再生

　再生という現象はよく知られているが，現在では再生医療にも利用されて，きわめて重要な課題となっている．再生は基本的には，個体が何かの理由で一部分が失われた場合に，それを修復し復元する現象をいうが，この再生には2

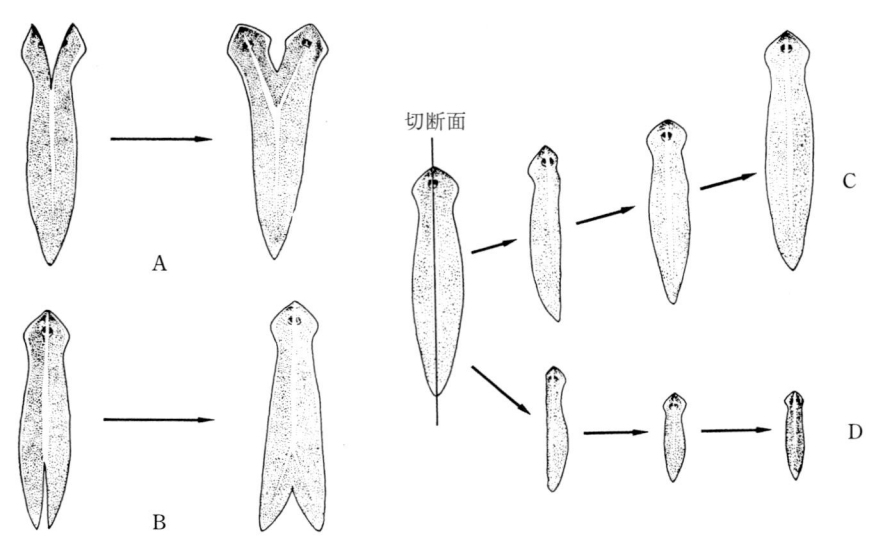

図16.2　プラナリアの再生
A：頭部を縦断した場合，B：尾部を2つに切断した場合，C：体軸に沿って縦断し，餌を与えて飼育した場合，D：餌を与えないで飼育した場合．

つの様式がある．

　プラナリアやヒドラのように，個体をいくつかに切断すると，それぞれの部分が失われた部分を修復・復元して元の個体になる．その結果，個体の数が増えることになるが，これは個体内にある未分化の間細胞（新生細胞）が切り口に集合して，この細胞の分化によって失われた部分を元どおりに復元する現象で，形態調節（形態再編）と呼ばれる（図16.2）．

　しかし，もっと高等動物では，脱落などによって失われた部分を修復する現象が起こる．たとえば，カニやエビは失われたハサミを修復するが，ハサミが残りのからだを復元することはない．このような再生を真再生あるいは付加形成と呼んでいる．

　プラナリアの再生では，間細胞（未分化細胞）が散在していて，切り口あるいは傷をつけることが刺激となって，間細胞が傷口に集結してきて，個体の位置情報（極性）に従って細胞の分化が起こり，正しく個体を復元する．

　最近，ヒトを含む高等動物にもいろいろな器官に未分化細胞が発見されている．未分化の細胞だから，人工的に特定の方向に分化させることができる．ES細胞という初期胚の未分化幹細胞から人工的に組織や器官の再生を可能にする研究が行われ，将来の医療に役立てる計画も進められている．実現すれば，臓器移植でも拒絶反応などは起きないから，その有用性は計りしれない．

第 17 講

上皮組織：環境への適応

テーマ
- ◆ からだの表面は何でできているか
- ◆ どんなはたらきをするか

上　　皮

　からだにはいろいろな器官があるから，からだの表面だけでなく，器官が管であったり袋状であったりすれば，器官の内面にも表面があり，器官を包む外側にも表面があるわけである．

　このような，からだの内外のすべての表面を覆う細胞層を上皮といい，これを構成する組織を上皮組織，その細胞を上皮細胞という．からだの内外の表面とは，皮膚の表皮のような外胚葉由来の上皮，消化管の粘膜上皮のような内胚葉由来の上皮，胸膜や腹膜などのからだの内部のすき間の上皮のような中胚葉由来の上皮がある．この中胚葉由来の上皮のうち，体腔上皮は特に中皮といい，これは側板に由来する腹腔上皮，腸間膜，消化管その他の内臓の外表面を覆う薄い膜であり，主に単層扁平上皮である．心臓，血管，リンパ管などの内腔の上皮は特に内皮という．

　上皮はその機能によって，被蓋上皮（保護上皮，皮膚のような重層扁平上皮），腺上皮（外分泌腺，内分泌腺の細胞），吸収上皮（消化管の上皮），分泌上皮（分泌腺だけでなく，涙腺，汗腺，肝臓，乳腺などすべての分泌細胞），感覚上皮（体表から陥入してできたもので，眼の網膜，舌の味細胞，耳のコルティ器官などの細胞），生殖上皮（胚上皮，体腔上皮（中皮）のうち，生殖腺の表面を覆う細胞）などを区別できる．

　また，細胞が1層か多層かあるいはその形態などによって，単層上皮，重層上皮，扁平上皮，立方上皮，円柱上皮などという．皮膚の表皮のように重層扁平上皮もあるし，膀胱の上皮のように細胞層が変化する移行上皮もある（図17.1）．

　上皮の特徴として，①細胞どうしが互いに密着していて，密着結合や接着帯

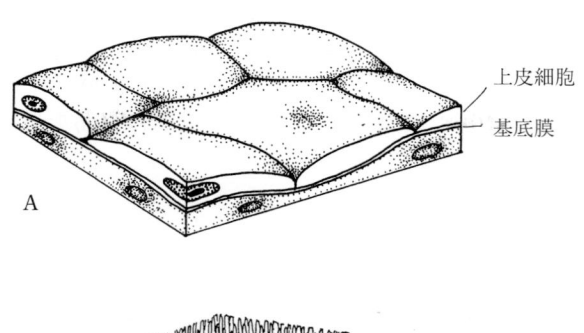

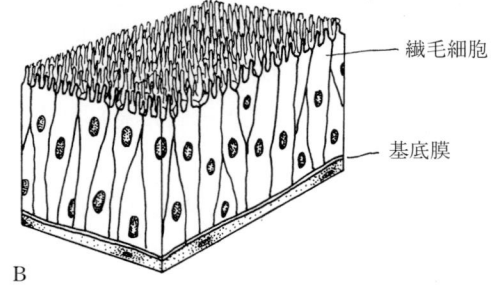

図 17.1 上皮組織の例
A：単層扁平上皮（毛細血管の上皮，腹腔の上皮など）
B：多列円柱上皮（気管，気管支の繊毛上皮，上皮中の杯細胞が粘液を分泌し，小異物を繊毛によってたんとして外へ運び出す）

などの細胞間結合で連絡したシート状である．②血管の分布がなく酸素や栄養は，その下にある結合組織の毛細血管の供給に頼っている．③上皮の一方の面は自由面で，吸収や分泌や感覚の受容などを行っている．④上皮の反対の面は薄い基底膜（上皮組織と結合組織の間の膜で上皮から分泌されたもの）の上にのり，下の結合組織などと境界をつくっている．⑤表皮が変形した爪，毛，羽毛，鱗，眼のレンズなども上皮である．⑥栄養状態がよければ容易に再生する．などの点があげられる．

上皮のはたらき

からだの外表面を覆う皮膚は表皮と真皮からなり，表皮は外胚葉由来の上皮組織であり，毛髪の皮脂腺はあるが，血管も神経もない重層扁平上皮である．体表にあるため酷使され，消耗が速く再生されるので，表面の自由面に近い方は扁平であり，基底膜に近くなると立方状から円柱状になる（図 21.1）．食道や口腔内上皮も重層扁平上皮である．真皮は血管や神経が分布する結合組織で，感覚受容の主体はここにある．一般に扁平上皮は，拡散が容易でガス交換や物質交替の盛んな肺の血管の壁や腹腔の内面や臓器の内表面を構成する上皮

である.

　基底膜上の1層の立方上皮細胞が並ぶ単層立方上皮は，分泌腺やその導管（唾液腺，膵管，乳腺など）や腎臓の尿細管や卵巣の表面を覆う上皮などにみられ，分泌や排出の作用をする.

　単層円柱上皮は粘液を分泌する上皮にみられ，気管や胃から肛門までの消化管の内腔の上皮で，この膜は粘膜と呼ばれる．基本的には単層であるが，円柱上皮でかなり細長く核が偏って存在し，一見多層に見える上皮がある．これらは多列円柱上皮と呼ばれ，吸収や分泌機能の盛んな細胞で，気管に多く分布し，繊毛が生えていてゴミを追い出すのに有効である（図17.1B）．重層立方または円柱上皮は例は多くないが大型の腺の導管に見られる．多量の分泌物を外分泌する.

　特殊な上皮として，膀胱，尿管，尿道などの泌尿器官の上皮は，尿の蓄積量，尿の通過などによって上皮の厚さを変化させ，内容量に適応できる上皮で，移行上皮と呼ばれ機能に応じて変化する．膀胱などはかなり厚い重層扁平上皮が薄くなって扁平な数層の上皮になり，多量の尿をためることができる（図17.2）.

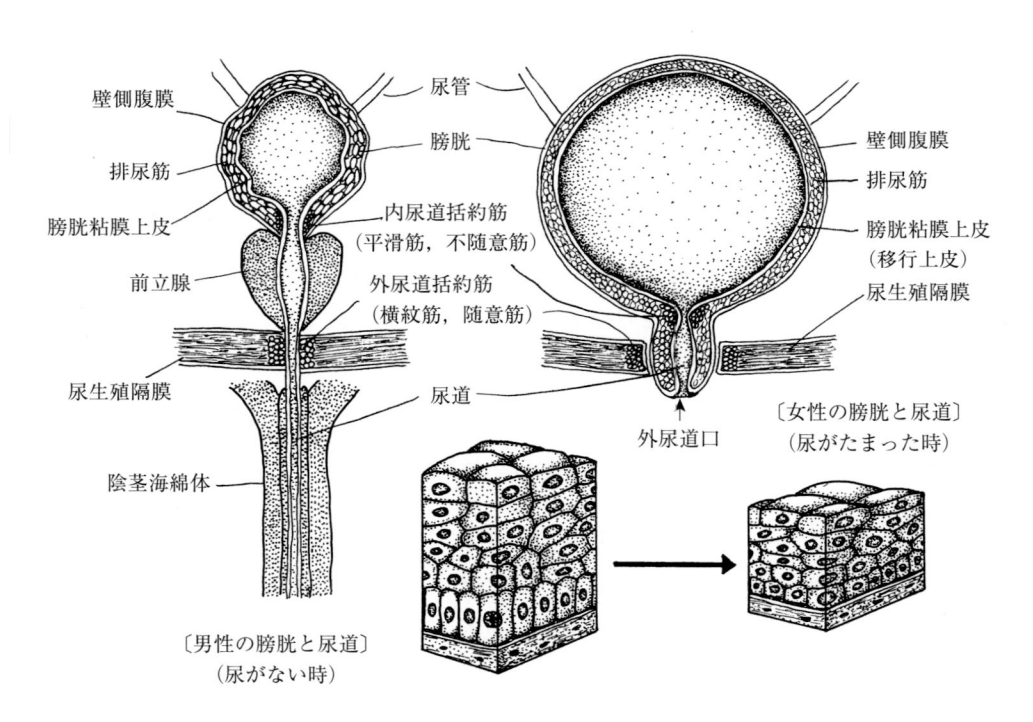

図 17.2　膀胱と尿道（マリーブ（林正他訳），1998より）

Tea Time

膀胱：尿の排出

多少の尿意を我慢したらそれを忘れてしまったり，用事をはじめたら急に尿意を催してきたり，我慢できなくなったり，ままならぬのは世の中のことだけではない．

膀胱は尿を一時的に貯める袋であるが，通常は膀胱壁（移行上皮に覆われている）を薄くして膀胱を大きくし，500 ml 程度の尿を貯める．しかし，場合によっては 1000 ml 近くの量を貯めることもある（図 17.2）.

通常は膀胱に 200 ml 程度の尿が貯まると，反射的に膀胱は収縮し始める．しかし，膀胱と尿道の境界部にある平滑筋でできた不随意的な括約筋（内尿道括約筋）が尿の排出を抑えている．尿量の増大によって膀胱の収縮がさらに強くなると，尿が内尿道括約筋部を通過して尿道の上部に到達する．すると強い尿意を感じるのであるが，外尿道括約筋があって尿道を閉じて，膀胱の反射的収縮を一時的に停止し，排尿を延期することができる．これは外尿道括約筋が横紋筋で随意筋であるために，意志の力である程度排尿を調節することができるからである．意志によって，外尿道括約筋を弛緩させると，尿は体外に流出する．

人の能力はある程度調節でき，調節することが重要であるが，調節できない場合もある．

第18講

神経組織：体内情報伝達

テーマ
◆ 神経はどこに分布しているか
◆ 神経内では何がどうして伝わるか
◆ 神経はどこに何を伝えるか

神　経

　神経は神経細胞を指し，細胞体，樹状突起，軸索，神経終末部，シナプスなどからできており，外界あるいは神経細胞外からの刺激を感知し，それを神経の興奮として他の神経細胞や中枢に伝えて（求心性），刺激に対する応答を逆方向に伝えて（遠心性），対応する組織・器官に反応を起こさせる機能をもっている．この一連の反応をする神経細胞は機能的な単位としてニューロンとも呼ばれている．

　高等動物では，神経は神経繊維（軸索）が神経鞘に囲まれ，その束（集団）が結合組織の神経内膜に囲まれ，さらに神経周膜に包まれて，神経繊維束を形成し，その外側に比較的太い血管とリンパ管が併走している．この神経繊維束はさらに数本集まり，神経上膜が取り巻いている．これが通常神経と呼んでいるもので，末梢神経の代表的な構造である．

　神経細胞体から出る短い突起が樹状突起で，細胞体とともに，興奮を受け取る役目を果たしている．軸索は神経細胞から出る長い突起で，先端部で枝分かれして，その神経終末部のシナプスを経て，接する樹状突起や細胞体や効果器の細胞に興奮を伝える役目をしている．だから，興奮の伝わる方向は一方的である（図18.1）．

　神経系は中枢神経系と末梢神経系に分ける．脳と脊髄を中枢神経系といい，神経系の統合，指令本部として機能し，送られてきた刺激を受け，これを理解し，判断して，どのように反応するかを決定する役目をもっている．

　末梢神経系は中枢神経である脳や脊髄から外に伸びている神経を指し，脳神経と脊髄神経がある．脳神経は刺激を末梢から脳に伝え，また，脳から末梢に

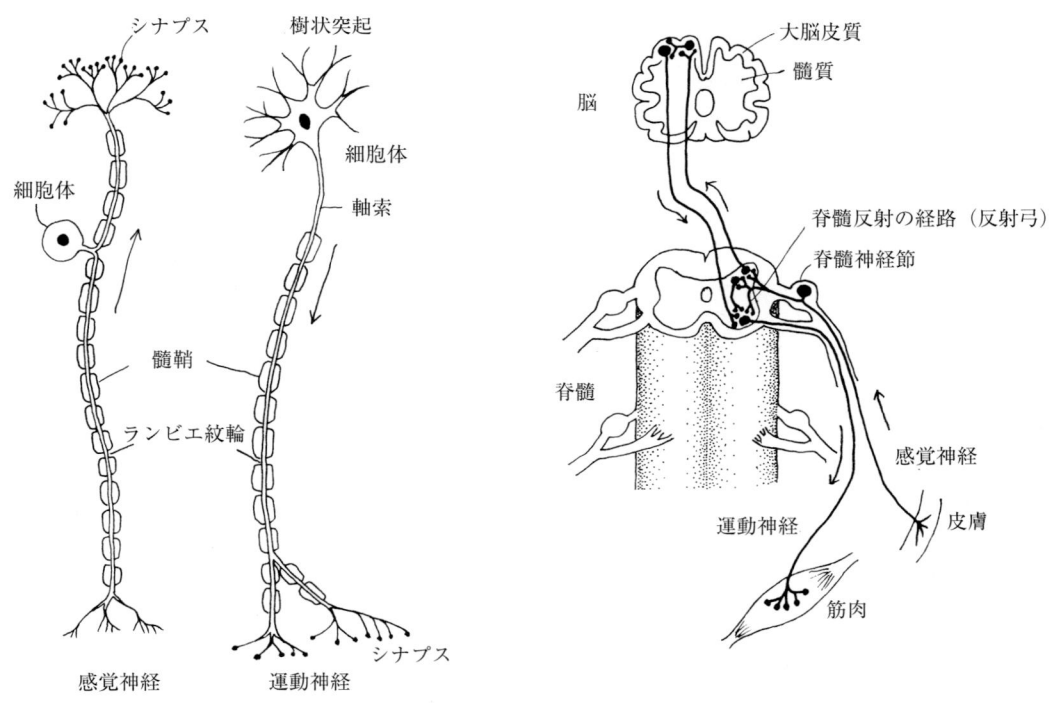

図 18.1 興奮の伝導（矢印は伝導方向）

伝える．脊髄神経は脊髄から末梢へ，末梢から脊髄へ情報を伝える情報伝達路である．

　一方，機能的には感覚神経と運動神経に分ける．神経の興奮伝導方向は一方的であると述べたが，末梢の感覚受容器から中枢神経系に情報を伝える求心性（内向性）の神経を感覚神経といい，皮膚や骨格筋，関節などの情報を伝える体性感覚神経と内臓からの情報を伝える内臓感覚神経がある．

　逆に，運動神経は中枢（脳・脊髄）からの指令を一方的に末梢（筋肉や内臓など）へ情報を伝える神経で，体性神経系と自律神経系がある．体性神経系は随意神経で，意識的に骨格筋を伸縮させ運動することができる．自律神経系は自動的な不随意神経で，内臓の平滑筋や心臓の心筋，分泌腺へ情報を伝えるが，意識で調節することはできない．自律神経系には交感神経と副交感神経がある．

神 経 組 織

　神経組織は神経系を構成する組織で，中枢神経系では神経細胞（ニューロン）と神経膠からできており，末梢神経系ではニューロン，シュワン細胞，外套細胞からできている．だから，それぞれの構造を知っていれば特に神経細胞

を取り上げて表現することは少ない．

　神経膠は神経膠細胞（グリア細胞）からなる支持組織で，いろいろな形のニューロンを保護したり，ニューロンの物質代謝などを助けている細胞である．

　魚類以上の動物のほとんどの軸索はミエリンという物質の膜に囲まれ，髄鞘と呼ばれ，この神経を有髄神経ともいう．これはシュワン細胞の細胞膜が軸索のまわりを囲んだもので，神経繊維の保護，絶縁，伝導の加速に役立っている．髄鞘は一定間隔でくびれがあり，ランヴィエ絞輪と呼ばれ，興奮の跳躍伝導に役立つ．最近，ランヴィエ絞輪は中枢神経系にもあるという．

興奮の伝導

　神経細胞はその機能として，被刺激性と伝導性をもっている．刺激にはいろいろなものがあるが，感覚受容器は刺激に反応して，刺激を電気的な信号に変える（被刺激性）．これが神経繊維を伝わって中枢に伝えられる（伝導性）．

　ニューロンの細胞膜には，ATPのエネルギーを利用して活動する膜貫通型タンパク質でできたナトリウムポンプ（第5講）がある．このポンプのはたらきで細胞は濃度勾配に逆らって，Naを細胞外に排出し，Kを細胞内に取り込んでいる．その結果，細胞内にKイオンが多く，細胞外にNaイオンが多い，イオンの濃度勾配ができている．ところがKイオンは細胞外にもれるので，通常は細胞内が−で，細胞外が＋の電位差が生じている（分極という）．ニューロンはこの電位差で平衡状態を保っており，この細胞内外の電位差を静止電位という．

　たとえば，ヤリイカの巨大神経の静止電位はおよそ−60 mVであり，ネズミの心筋の静止電位はおよそ−90 mVである．これに刺激を与えると，平衡がくずれて，電位が変化し，興奮が発生する．それはナトリウムの流入による．

　ニューロンの細胞膜には，ATPのエネルギーを必要としないで刺激に反応するナトリウムチャネルがある（第5講）．ナトリウムチャネルは通常は閉じているが，刺激によって開き，Naイオンが細胞内に流入する．そのために細胞内の電荷は＋が増加し，細胞内の電位は0に近づき，さらに＋になって電位の逆転が起こる．これを脱分極といい，この電位を活動電位という．この脱分極による活動電位をニューロンの興奮という（図18.2）．

　ニューロンの興奮は軸索の両方向に向かって伝わっていく．ニューロンの刺激部位でNaイオンが流入すると，そこに局所的な内向きの電流が流れる．電流は軸索の両方向に流れるが，この電流は近接する部位で外へ漏れ出す．外へ漏れた電流が十分に大きいと，それが刺激になり，その部位のナトリウムチャネルが開きNaイオンが流入し，両部位で活動電位を生じて興奮する．こうし

図18.2 軸索での興奮の伝導

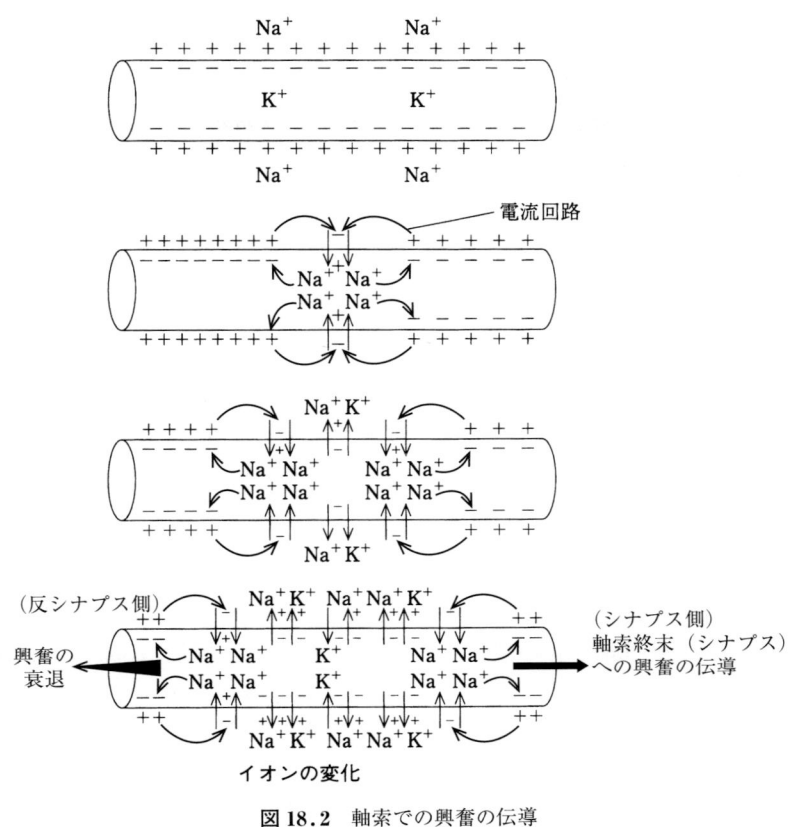

て興奮は両方向へ向かって順次に伝導されることになる.

　興奮は軸索の両方向に向かって伝わるが,軸索の終末にはシナプスがあり,この部分でだけ,つぎのニューロンや筋肉細胞に興奮を伝えるので,興奮の伝導は一方向であり,シナプスのない反対方向には伝わらない.

シナプス：興奮の伝達

　神経の終末にはシナプスと呼ばれる部分がある.これは正確には,神経終末とそれが接する刺激の受容細胞との興奮の受け渡しの部分を指している.

　この終末部位は刺激（興奮）を伝えるつぎの細胞と密着しているわけではなく,神経終末から神経伝達物質と呼ばれる化学物質が放出され,これが受容細胞の活動電位を引き起こすことによって興奮が伝えられる.これを興奮の伝達という.

　たとえば,運動神経の筋肉に分布する神経終末はアセチルコリンを分泌し,自律神経の交感神経はアドレナリンかノルアドレナリンを分泌し,副交感神経の終末はアセチルコリンを分泌する.

神経の細胞体は神経伝達物質を合成し，それを含むシナプス小胞をつくる．これは軸索の微小管を伝って神経終末に移動・蓄積される．興奮が伝わり，神経終末に達すると，細胞膜（シナプス前膜）のカルシウムチャネルが開き，Caが終末部分に流入する．Caの流入が刺激となって，シナプス小胞はシナプス前膜に移動して開き，神経伝達物質をシナプス間隙に放出する．神経伝達物質は刺激を受け取るシナプス後膜の受容体と結合する．それによってシナプス後膜のイオンチャネルが開き，CaやNaが刺激を受け取る受容細胞に流入し，そこで膜電位の脱分極が起こって活動電流が生じて，興奮が伝えられる．

γ-アミノ酪酸（GABA）のような抑制性の神経伝達物質は受容細胞のGABA受容体に結合し，シナプス後膜のアニオンチャネルが開き，Cl^-が細胞内に流入するために，電位は過分極の状態になり，興奮は抑制される（図18.3）．

いずれの場合も神経伝達物質はすみやかに分解されて，興奮はおさまる．

自律神経

自律神経は内臓神経とも呼ばれ，内臓や血管壁の平滑筋，心臓の心筋，分泌腺などに分布し，からだの恒常性（ホメオスタシス）の維持にはたらいている．内臓からたえまなく送られる情報を中枢神経系が判断して，内臓諸器官の血流調節，消化運動，呼吸，循環などの調節を行っているが，不随意神経系と呼ばれ，意識することなしに，調節されている（図18.4）．

ほとんどの自律神経系は体性神経系と違って，中枢神経系の外に神経節があ

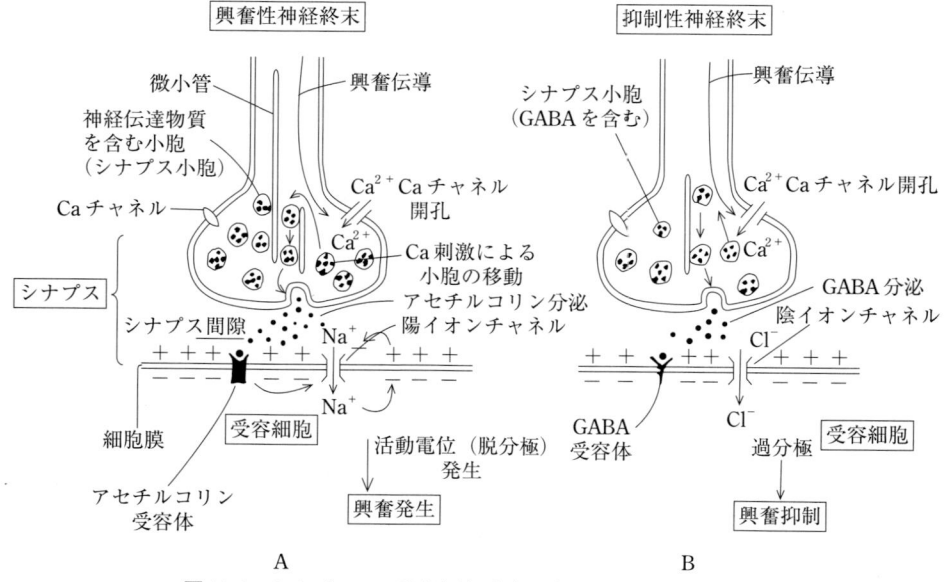

図18.3 シナプスでの興奮伝達（A）と抑制（B）を示す模式図

って，ニューロンがシナプスで接続されている．シナプスの神経伝達物質も違っていることが多い．

　自律神経系には交感神経系と副交感神経系があり，同じ器官に分布していても，その作用は反対である．だから内臓諸器官の反応は交感神経系と副交感神経系のバランスで調節されている．その分布状況は図示しておく（図18.4）．機能は主として，交感神経系は刺激によって，器官を興奮させるようにはたらき，副交感神経系は器官を休ませ，エネルギーを節約・貯蔵するようにはたらく．

　また，交感神経，副交感神経のような遠心性神経と平行して，内臓諸器官からは，内蔵の情報を中枢に伝える求心性神経があり，中枢にフィードバックすることで，内臓諸器官は自動的な制御を受けている．自律神経の総合的な中枢は視床下部で，体温調節，接触調節，生殖機能調節などの中枢として機能している．

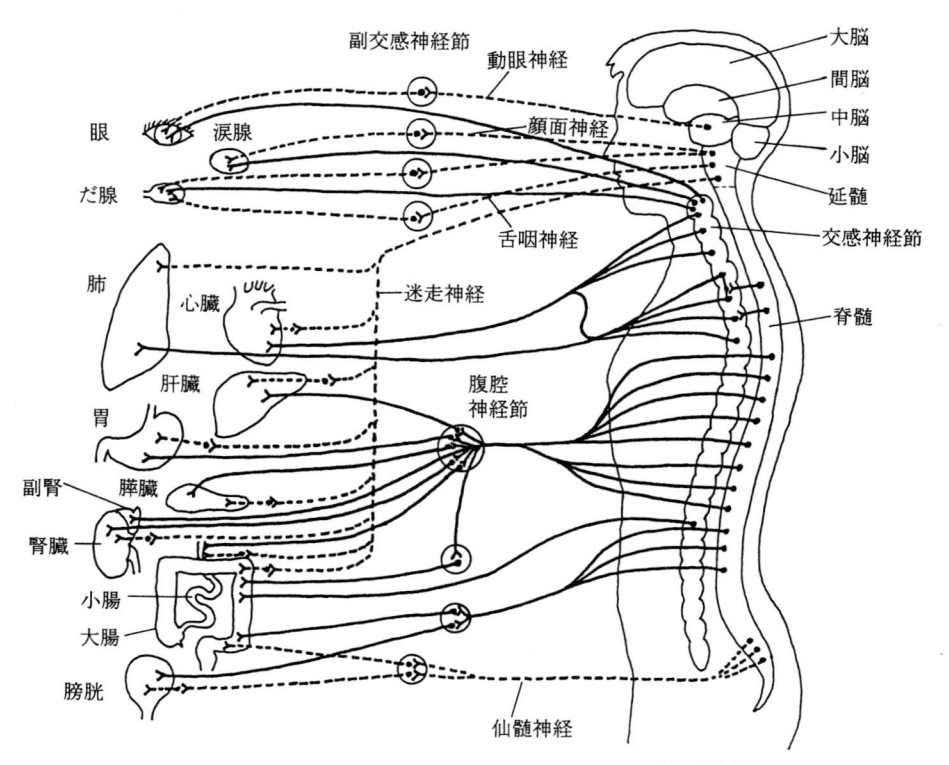

図 18.4　自律神経系の分布（──交感神経，……副交感神経）

Tea Time

血液脳関門

からだは血液によって運ばれてくるいろいろな栄養物質（水，酸素，無機イオンを含めて）やホルモンや体外刺激などに反応して，恒常性を維持するために神経系やホルモンが活発にはたらいている．しかし，脳にはこれらの刺激を少なくするために，脳関門と呼ばれる機構によって保護されている．

脳では血管によって運ばれる刺激物質の透過性が低く，脳には作用が及ばないようになっている．脳の毛細血管は水，酸素，二酸化炭素，アルコール，グルコース，特定のアミノ酸や脂肪に溶けやすい低分子物質などは透過しやすいが，他の物質はあまり透過せず脳の神経に影響を及ぼすことは少ない．

この関門は脳の恒常性を厳密に保つための機構と考えられ，そのために毛細血管の内皮細胞やグリア細胞の膜などが限定的な透過性の維持に機能していると考えられている．

第19講

筋組織：からだや器官を動かす筋肉

テーマ
◆ 筋肉の種類と構造
◆ 筋収縮のしくみ
◆ 筋肉の役目と疲労・回復

筋肉の種類と機能

　生物は筋肉運動などによってエネルギーを費やし，栄養分の分解によってエネルギーを獲得して補い，生命を継ぐ．筋肉の基本的な機能は収縮である．収縮とそれが回復する弛緩とを繰り返すことで，からだのいろいろな部分の運動を引き起こすことができる．運動することによって，姿勢を保ち，関節を安定させ，体温保持のための発熱が可能である．

　筋肉には3種類がある．骨格筋と平滑筋と心筋である（図19.1）．最も多いのは骨格筋で，顕微鏡で明らかな横縞の横紋が見えるので横紋筋と呼ばれ，また意識的に動かすことができるので随意筋とも呼ばれる．しかし，場合によっては無意識に反射的に動くこともある．横紋筋細胞は筋繊維と呼ばれ大きくて多核である．

　筋繊維（筋細胞）は筋原繊維が束になったもので，その周りに多くの核がある．これは横紋筋の形成過程で多くの筋細胞が融合したためにできたもので，大きく強い力を発揮できる．筋繊維の細胞膜は筋鞘（筋繊維鞘）と呼ばれる．筋繊維は細いアクチンフィラメントと太いミオシンフィラメントが束になった筋原繊維を筋小胞体（Ca貯蔵庫）とT管（興奮伝達部）が囲み，筋鞘がその束をさらに取り囲んで，1つの長い多核の細胞となっている（図19.2）．

　どの筋繊維が収縮するかによって骨が動きからだの運動を可能にするが，筋肉と骨との結合は強力な弾力をもつ腱である．ちなみに骨と骨との結合部位は靱帯という．

　この時，いくつかの筋肉が共同作用を行う．複数の筋肉が収縮する時，その主役を果たす筋を主働筋という．その時，逆方向に動く，つまり，弛緩し伸長

骨格筋	心筋	平滑筋

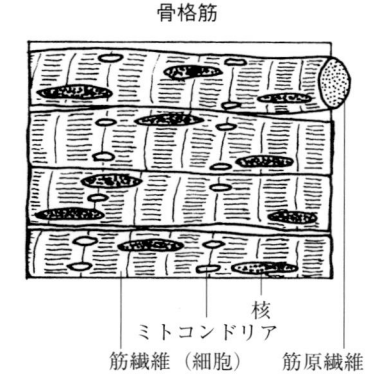

骨格筋 ─ 核／ミトコンドリア／筋繊維（細胞）／筋原繊維

心筋 ─ 核　介在板（細胞の境界と考えられている）／ミトコンドリア／筋繊維／筋原繊維

平滑筋 ─ 核／ミトコンドリア／筋原繊維

（特徴）
手・足・背・腹などの筋肉
多核細胞
横紋あり
随意筋

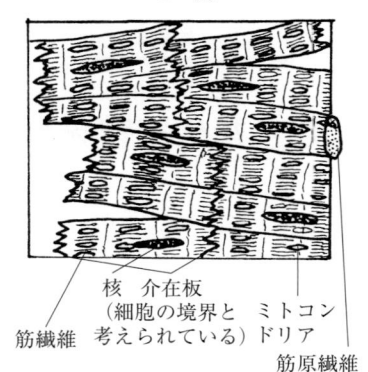

心臓だけにある筋肉
単核細胞
横紋あり
不随意筋
ペースメーカーによる制御
神経・ホルモンによる調節

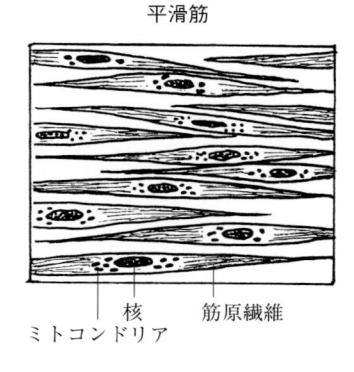

心臓を除く内臓の筋肉
単核細胞
横紋なし
不随意筋
神経・ホルモンによる制御・調節

図 19.1　3 種の筋肉の比較

する筋を拮抗筋という．さらに，主働筋を助け，不用な動きを減らす筋を協働筋という．たとえば，複数の関節を越えて一部の筋を動かす場合には，この筋がはたらく．腕を動かさずに手の指だけを動かす場合には協働筋がはたらき関節を固定している．

　平滑筋は横紋がなく単核で，意識的にその運動を調節することはできない不随意筋である．消化管，膀胱，肺，気管支など内臓の壁を構成し，その収縮・弛緩によって，管腔の内部の物質の移動を可能にする．通常，平滑筋は輪状と縦走の 2 層になっていて，一方が収縮するとき他方が弛緩するのを繰り返して，管全体の収縮・弛緩が伝わって物質を移動させる．骨格筋と違って運動はゆっくりで疲労しにくいのが特徴である．

　心筋は心臓にだけ分布するのが特徴である．心筋は横紋筋に似て横紋はあるが，単核で，不随意筋である．心筋の細胞は介在板という特殊な結合によって網目状に心臓を取り巻き調和して運動する．その原点は，心臓に内蔵されたペースメーカーによって，一定のリズムで収縮するが，自律神経やホルモンによってその速さが調節される．

筋収縮

　筋肉は収縮を繰り返し運動が連続すると疲労する．筋収縮はどんなしくみで

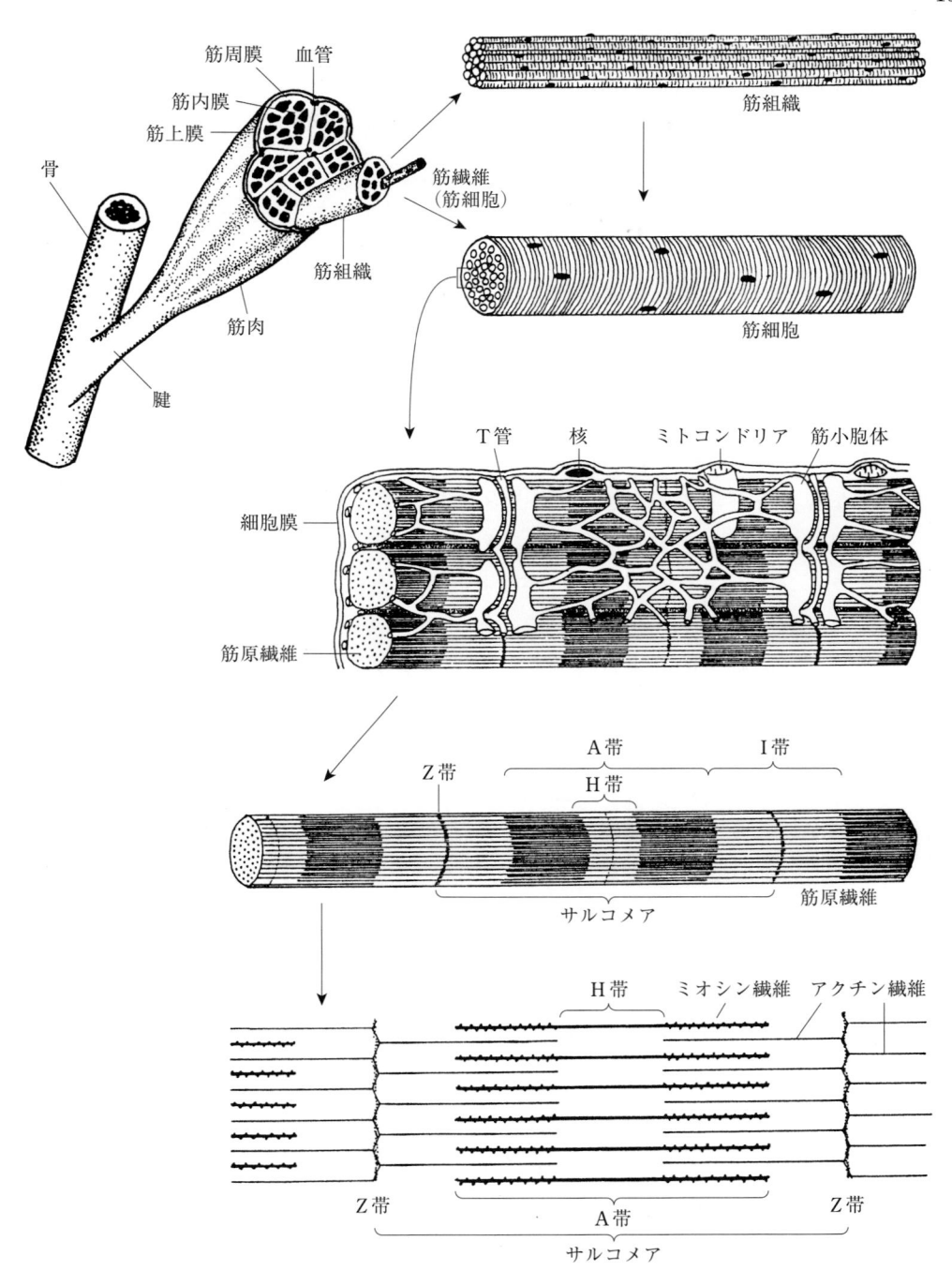

図 19.2　筋肉の構造

起こるのか．ここで最も重要なのは骨格筋の収縮である．骨格筋は敏速に多様に運動をする．平滑筋や心筋の収縮は緩慢であり，規則的で，持続する．もちろん，緩慢な持続的な運動速度や頻度を越えると疲労するので休養が必要である．だから内臓や心臓も疲労する．

筋原繊維の横断面は太い繊維と細い繊維の断面であるが，縦断面は太い繊維（Aフィラメント）と細い繊維（Iフィラメント）が規則正しく並び，明暗の帯をつくっている．これが横紋筋という名の由来である．この帯はA帯，I帯，Z帯，H帯と名づけられている（図 19.2, 図 19.3）．

太いAフィラメントはミオシン分子の集合体で，頭部と尾部があり，頭部は細いIフィラメントと結合する．Iフィラメントは球状のアクチン分子の重合体に，トロポミオシンやトロポニンというタンパク質が結合したもので，単位となるZ帯からZ帯までをサルコメアという（図 19.3）．

筋収縮はATPとCaの存在下で，Aフィラメント（ミオシン分子）の間にIフィラメント（アクチン分子）が滑り込むことによって起こる．そのためには，神経からの刺激が必要である．

運動神経の軸索の終末は枝分かれしてシナプス部位が筋細胞膜に接している．神経のインパルス（衝撃）が軸索の終末に達すると，神経伝達物質（骨格筋ではアセチルコリン）が放出されて，筋鞘の膜受容体と結合する．すると筋鞘は一時的（一過性）にNa透過性になり，Naが筋細胞内に入り，筋細胞の脱分極が起こり，活動電位を生じる．活動電位はT管によって筋小胞体に伝わる．この刺激で筋小胞体はカルシウムチャネルを通じてCaを放出する．Caは筋原繊維の中に入り，Iフィラメントのトロポニンと結合する．すると，IフィラメントはAフィラメントと結合し，その指令でAフィラメントの頭部のATPが分解されてエネルギーが放出される．このエネルギーを利用して，AフィラメントとIフィラメントの間の滑り運動が起こる．Iフィラメントはたぐり寄せられ，Z帯が引き寄せられることになる．そのためにサルコメアの長さが短くなり，筋は収縮することになる（図 19.3）．

収縮が終わると，筋小胞体はATPのエネルギーを利用したカルシウムポンプによってCaを取り込む．Caがなくなると，AフィラメントとIフィラメントは反応できなくなり，サルコメアはもとの長さに戻り，筋は弛緩して伸び，もとに戻る．

このように，筋収縮ではATPとCaが重要な役割を果たすが，エネルギー源となるATPは解糖や呼吸によって合成されるが，比較的酸素供給の少ない筋肉では解糖（糖類の分解）が活発である．

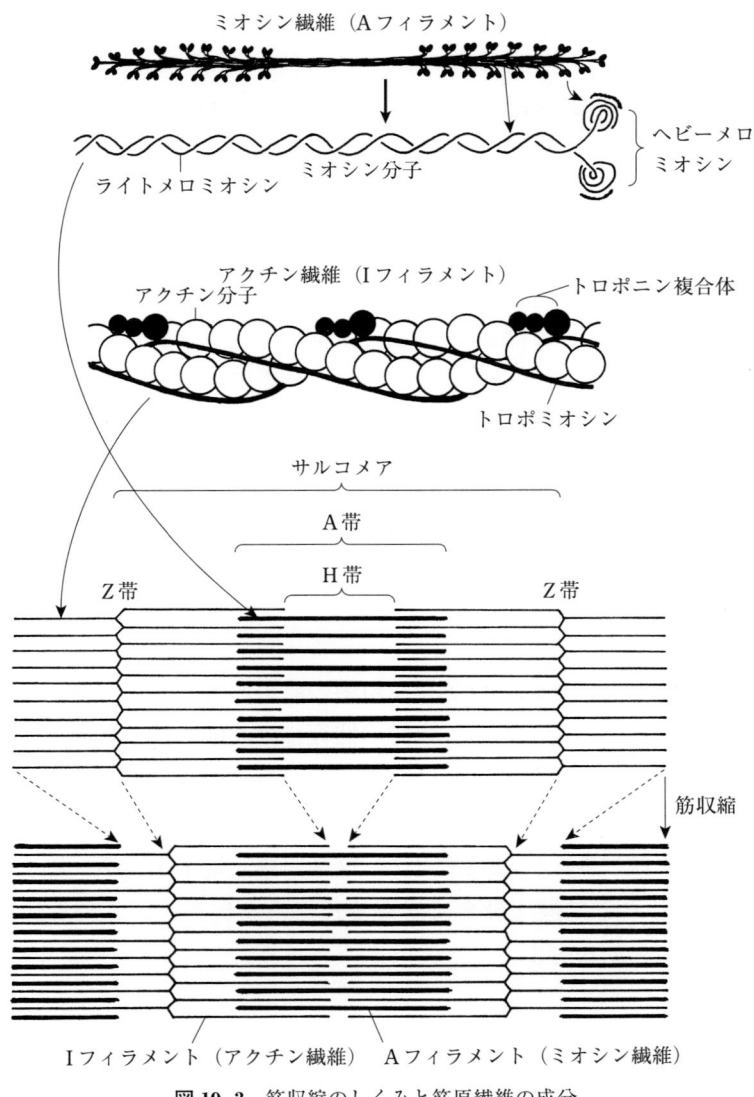

図 19.3　筋収縮のしくみと筋原繊維の成分

筋肉の疲労とその回復

　筋肉の組織は肺や心臓と比べると，はるかに酸素の供給が少ない組織である．力仕事をするとか，陸上競技，水泳，マラソンなどのように，急速な筋肉運動の盛んな時には，活発な解糖によってエネルギー供給が行われる．
　そんな時，筋肉では酸素供給が追いつかなくて，酸素不足の状態になり，解糖の最終産物であるピルビン酸は水素を消費して乳酸に変え，ピルビン酸を減らすことで解糖を促進し，エネルギー源のATPを供給する（図19.4）．

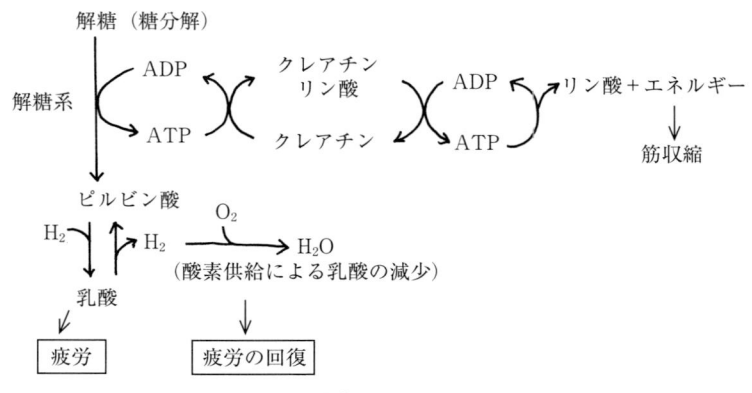

第19講 筋組織：からだや器官を動かす筋肉

図 19.4 筋肉の疲労と疲労の回復

　さらに，筋肉には多量のクレアチンリン酸が含まれており，ATPが消費されると，クレアチンリン酸がリン酸を放出し，ATPを生成することでATPの量を一定に保っている．筋肉では，クレアチンリン酸がエネルギーの貯蔵庫として役立っている．

　しかし，激しい筋肉運動では急速な解糖の結果，どうしても乳酸の蓄積が起こる．これが筋肉の疲労である．疲労の回復には乳酸を減少させることしか方法がない．乳酸の減少には酸素を供給するのが最良の手段である．盛んな呼吸によって酸素を取り込み，筋肉をもみ血行をよくして筋肉に酸素を送り込み，乳酸をピルビン酸に変え，呼吸系（クレブス回路，電子伝達系）によってピルビン酸を分解し水と二酸化炭素に変える代謝系を促進し，乳酸を減らしてやる．これが疲労の回復である．

=======Tea Time=======

筋肉の痙攣

　一般に神経細胞や筋細胞が束になって神経や筋肉を構成し，刺激が大きくなると，それに対する反応も大きくなる．しかし，1つの細胞だけに刺激を与えた時，刺激が小さすぎて活動電位が起きないと，反応しない．刺激が一定（閾値）以上に大きくて活動電位が起きると反応し，それ以上に刺激を大きくしても反応の大きさは同じである．これを全か無の法則（悉無率）という．神経や筋肉の反応が大きくなるのは，反応する神経細胞や筋細胞の数が多くなるからである．

　よく筋肉が痙攣（けいれん）するというが，これは多数の骨格筋が不随意的に無秩序にいっせいに収縮する現象である．これに対し強縮（強直）という現象がある．1

回の刺激（活動電位）によって1回だけ収縮する場合を単収縮あるいは攣縮というが，時間的に連続して伝導性の活動電位を起こす刺激を加えると，単収縮に加重が起こって，持続的な収縮を起こす．これを強縮という．随意的な運動や反射の時の運動の多くは強縮である．

　強縮は刺激がなくなると収縮はなくなるが，持続的に不可逆的に収縮した場合を硬直という．死後硬直は1つの例である．

　激しい運動をした後で筋肉が収縮する場合がある．これは拘縮（痙縮）といって，からだの一部に伝導性の活動電位が起きないで起こる連続的な収縮である．アルカロイド，アルコールなどの薬物でも起こる．

第20講

結合組織：形や機能を支える

> ─ テーマ ─
> ◆ 結合組織とはどんなものか
> ◆ 結合組織は何をしてるか
> ◆ 結合組織の特殊な例：血液は？　リンパとは？

結合組織＝支持組織

　組織の名が示すように，からだの部分と部分（組織と組織）を結合する組織で，代表的には，骨のようにからだの形を支え，血液のように機能的にからだを支える組織である．

　総括的にいうのはむずかしいが，細胞とその細胞が産生した多量の細胞外基質から成り，皮下の脂肪組織のように脂肪粒がたまった脂肪細胞が多くて柔らかいものから，骨組織のように骨細胞が分泌した細胞外基質にリン酸カルシウムがたまってきわめて硬いものまである（図20.1）．

　また，血管がよく発達しており，血液の供給がよい．例外的に，腱（筋と骨を結ぶ），靱帯（骨と骨を結ぶ）には血管が少なく，軟骨には血管は分布していない．したがって，これらが損傷すると傷がなおるのに時間がかかる．

　以下に結合組織を列挙して簡単に説明し，主要な組織は別に取り上げることにする．

　1）　細胞性結合組織：脊椎動物の脊索などに見られ，細胞外基質は少ない．
　2）　膠質結合組織：海綿動物，腔腸動物などの体壁（細胞の間にコロイド物質を含む），動物の発生初期の間充織（発生が進むと分化する）．
　3）　繊維性結合組織：繊維芽細胞と膠原繊維と弾性繊維が主成分．膠原繊維はトロポコラーゲン，弾性繊維はエラスチンより成る．皮下組織，腱，靱帯，筋膜，骨膜，真皮など．
　4）　脂肪組織：繊維性結合組織の一種で繊維芽細胞に脂肪粒がたまったもの．皮下脂肪，脂肪体など．
　5）　細網組織：細網細胞と細網繊維で網目構造をつくる．骨髄，リンパ節，

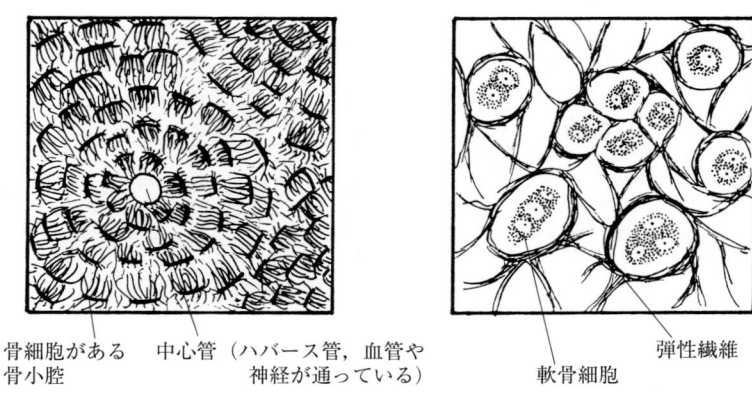

図中ラベル：骨細胞がある骨小腔　中心管（ハバース管，血管や神経が通っている）　硬骨（大腿骨）　弾性繊維　軟骨細胞　弾性軟骨（耳介，喉頭蓋）

図 20.1 硬骨と軟骨

脾臓などの造血器官の結合組織．細胞外基質は液状で，血球，リンパ球などが充満している．

　6）軟骨組織：軟骨細胞と軟骨基質より成る．すべての脊椎動物と軟体動物の頭足類にのみ見られる．コラーゲンが主成分でコンドロイチン硫酸もある．胎児の骨格，軟骨魚の骨格，肋軟骨，気管，恥骨縫合，耳介など．

　7）骨組織：骨細胞（骨芽細胞）と骨基質より成る．基質の有機質はコラーゲンが主体で，無機質はカルシウムとリン酸である．骨組織には基質を産生し石灰化する骨細胞のほかに，破骨細胞があり，骨組織の更新，Caイオンの調整，骨折の再生などを行うことができる．

骨

　骨はからだの形を支持し保護するはたらきがあり，そのため筋肉の付着点ともなる．骨あるいは骨格といえば，体表を覆う外骨格と体内にある内骨格とがある．

　外骨格は軟体動物の貝殻や節足動物のキチン質の外表とか棘皮動物の外殻（甲板）などがあり，主に有機質に炭酸カルシウムが含まれてできている．内骨格は脊椎動物の骨格系で，脊柱，肋骨，胸骨，頭骨，手足の骨格，魚の鰭の骨などである．成分はリン酸カルシウムが主体で，頭蓋骨，骨盤の扁平骨，肋骨，胸骨，上腕骨，大腿骨などの内部には，骨髄といって，血液細胞やリンパ球の幹細胞をつくる造血組織があるのが特徴である．

　普通，骨といえば内骨格を指し，からだを支持・保護のほかにリン（P）やカルシウム（Ca）の貯蔵庫になっていて，発達した血管の分布で，その量（吸収・放出）が調節されている．腱を介して筋肉が付着し運動を可能にし，

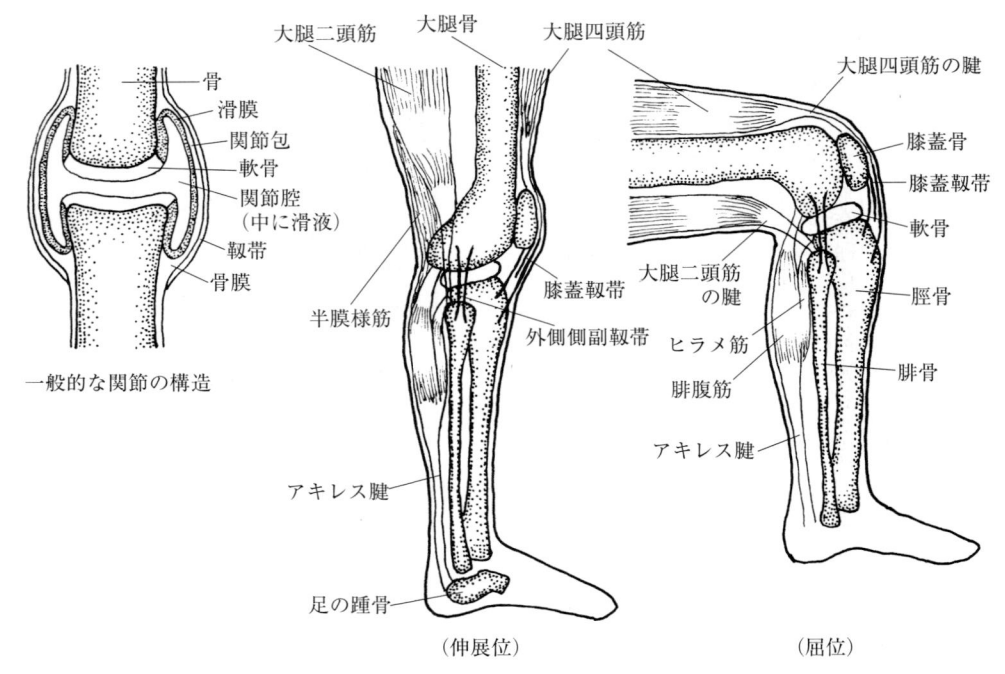

図 20.2 関節の構造と膝関節の靱帯と骨，腱と骨の関係

骨髄では造血作用を行っている．骨の間には椎間板のような軟骨がクッションのはたらきをし，骨と骨とは靱帯で結ばれている．

関　　節

舌骨を除くすべての骨は関節で連結し，正しい運動が行えるようになっている．関節とは軟骨あるいは繊維性結合組織によって隔てられた骨の部分で，骨を動かす曲げる部分（可動性関節）や頭蓋の縫合のように固定するための結合部（不動関節）などがある．しかし，通常は前者を単に関節という場合が多い（図20.2）．

脊椎動物の関節のほかに，節足動物の外骨格（脚）の曲がる部分（柔らかいクチクラ）や二枚貝の蝶番なども関節の一種と考えられる．

脊椎動物の関節は骨端が関節軟骨（ガラス軟骨）で覆われ，関節腔をつくりその中に滑液があり，周囲が靱帯に補強された関節包で包まれている．脱臼は骨が関節腔の正しい位置からはずれたときに起こる．

血液・リンパ

血管系やリンパ系はどの組織というのがむずかしく結合組織の特殊な例と考えられるが，詳細は第26講を参照されたい．

血液は体重の 8% を占める流動性組織である．固形成分（血球）と液体成分からなり，固形成分は赤血球と白血球と血小板であり，液体成分は血漿という．赤血球は血液の 45% で，白血球と血小板は合わせて 1% 以下で，55% が血漿である（表 20.1）.

出血のときなどに見られる血液凝固の成分を除いたもの，大まかには血液から血球と血漿の中のフィブリノゲンを除いた部分が血清である．栄養物質や血液凝固を起こさせる成分や免疫に重要な抗体やホルモンなどを含んでいる．

赤血球はすべての脊椎動物がもつヘモグロビンを含む細胞で，細胞小器官などはなく，特に哺乳類の成熟した赤血球では核もない．骨髄で幹細胞がつくられてから成熟の過程で核と細胞小器官は放出される．ヘモグロビンは酸素と少量の二酸化炭素と結合し，これを運ぶのが役目である．

表 20.1 血液の成分と主要な機能

血液 = 血漿 + 血球成分

血漿成分（55%）
 水 他の物質の溶媒
    熱の保持
 電解質
  ナトリウム 浸透圧と pH の調節
  カリウム 細胞膜透過性の調節
  カルシウム
  マグネシウム
  塩素
  重炭酸塩　など

 血漿タンパク質
  アルブミン 浸透圧バランスと pH の調節
  フィブリノゲン 血液凝固
  グロブリン 生体防御（抗体成分）と脂質の輸送

 血漿に溶けて運搬される物質
  栄養物質（グルコース，脂肪酸，アミノ酸，ビタミン類）
  代謝の老廃物（尿素，尿酸）
  酸素，二酸化炭素，ホルモン

血球成分（45%）
 赤血球 酸素の運搬，少量の二酸化炭素の運搬
 白血球
  好中球，好酸球 異物質を貪食する
  好塩基球 ヒスタミンを含み，炎症が起きると血管を拡張
  リンパ球 免疫細胞（B リンパ球，T リンパ球）
  単球 マクロファージに分化し，食作用を行う
 血小板 血液凝固

酸素の運搬能力が低下すると貧血というが，その原因は赤血球数の減少かヘモグロビン量の減少によって起こる．出血を起こすなど貧血の原因はいろいろあるが，かま状赤血球貧血のような遺伝子の変異による遺伝病（図8.4）の場合もある．

白血球は血液の1%を占めるにすぎないが，細菌，ウイルス，寄生虫，腫瘍細胞などから身を守る重要なはたらきをしている．核も細胞小器官もあり，血管内を流れるだけでなく血管外に漏出して炎症反応（体外からの異物を破壊したり，これを捕食し除去する）や免疫反応などに参加して，からだの保護に当たる．

血小板は正確には細胞ではなく，巨核球という大きな多核細胞の一部で核のない断片である．血小板は血管が壊れて出血したときに血漿内で起こる止血作用に不可欠である．

閉鎖系の血流の途中で，毛細血管の部分で多少血清がもれるが，これを回収するのがリンパ管であり，その液性部分をリンパまたはリンパ液という．リンパ管は末端が盲管で一方的にリンパを心臓へと回収する．赤血球は含まないが，リンパ球やマクロファージなどがあり，免疫にとって重要である（第26講）．免疫反応の主役を果たすのはリンパ球で，免疫については後述する（第30講）．

---Tea Time---

血液型

ヒトの血液には血液型があり，違う血液型の血液を輸血すると死亡することがある．それは赤血球の膜表面のタンパク質がヒトによって遺伝的に違い，一方で，血漿には赤血球を凝集する凝集素があるためである．

タンパク質は他のヒトの体内に入ると，異物（抗原）と認識されて抗体をつくらせる．抗体は抗原と結合してこれを無毒化（分解）して除去する．これが免疫反応である．

輸血で死亡することがある場合を不適合輸血というが，その代表的なものはABO式血液型とRh式血液型で起こる．血液はヒトによって，AB型，A型，B型，O型の赤血球をもっており，その膜表面に，それぞれAB，A，B，Hという抗原（凝集原）をもっている．一方，血漿には，AB型を除いて，A型の血液には抗B，B型の血液には抗A，O型の血液には抗Aと抗Bの抗体（凝集素）がある．だから，同じ血液型どうしの輸血でないと，抗原と抗体が反応して血球は凝集し破壊されてしまう．

Rh式血液型では，赤血球の表面にRh抗原をもつ血液（陽性）ともたない血液（陰性）のヒトがあって輸血のとき問題が起きる．多くのヒトはRh陽性であるので問題はないが，Rh陰性のヒトはRh陽性の血液を輸血されると免疫応答によって抗Rh抗体ができる．抗体の生成には時間がかかるので，最初の輸血では不適合輸血になることはないが，2回目の輸血で抗原抗体反応が起こり，輸血された赤血球は破壊されてしまう．

第21講

組織は集まって器官をつくる

> ― テーマ ―
> ◆ 器官とは何か
> ◆ 組織と器官の違い
> ◆ 器官のできかた

動物の器官

　器官は生物個体の特定の位置にあり，独立して一定の機能を営むものであり，条件さえよければ，手術などで固体から切り離しても，その機能を営むことができる．しかし，生物によって，細かい機能は違うことがあり，むしろ，個体内で形態的に独立して機能できるものといった方がいいのかもしれない．

　器官はいくつかの組織が集まって機能できるようになっており，組織は細胞の集まりであるから，同じ機能を営む細胞が集まって，組織を形成し，その組織が一定の配置で集まって，個体の機能を分担して独立した機能を果たすものという方がいいのかもしれない．動物と植物では，その形態も機能も違うから，器官の形態は著しく違う．たとえば，動物の呼吸器官は肺であるが，植物の呼吸器官は葉である．

　動物の器官には，消化器官，呼吸器官，循環器官，排出器官，生殖器官，内分泌器官などがあり，後で個別に述べる．これらはいくつかの組織でできており，その組織の作用は器官が違ってもかなり似た作用をしている．しかし，不思議なことに，器官の場所によって，つまり，その器官をつくる組織の場所によって，組織の作用が違うのである．これは重要なことであるが，その理由については発生の巻で述べる．たとえば，心臓を動かす筋肉も，消化管の運動を支配する筋肉も脚を動かす筋肉も同じ筋肉組織であるが，その機能や活動の様式はかなり違っている．たとえば，上皮組織は器官によって全く異なっている．むしろ，器官の特徴は上皮組織の細胞に依存しているといえるだろう．

器　官　系

　混乱を避けるために，ここで器官のまとめをしておこう．器官は個体の中で，独立して1つのまとまった特殊な機能を果たす構造であるが，上に述べた器官，たとえば，同じ消化器官でも，胃と腸はそのはたらきが違う．このような違いをまとめる上で，しばしば器官系という用語が使われる．それでも必ずしも正確とは言いがたい．

　1つの目的のために協調する器官の集まりを器官系といい，個体をつくる基本形として11程度の器官系が区別されている．外皮系（外被系），骨格系，筋肉系，神経系，感覚器系，循環器系，呼吸器系，消化器系，排出器系（泌尿器系），生殖器系，内分泌系などである．

　外皮系はからだの外皮・皮膚のことであり，からだを保護し，発汗作用によって塩類，尿素の排出，体温の調節，温度・圧力・痛みなどの感知をするが，ここで器官といえるものは皮膚だけである．骨格系は骨，軟骨，靭帯，関節の総称といえるが，それぞれ特有の機能（からだを支持し，動かす機能）をもっているが，器官とはいわない．

　筋肉系は収縮・弛緩による運動が機能であり，横紋筋，平滑筋，心筋が区別されるが，これも1つのまとまった器官とはいわない．神経系はからだのすばやい動きを制御する系であり，脳，脊髄，神経，感覚受容器を含み，脳，脊髄を中枢神経系という．

　感覚器系は刺激の受容器官であり，多くの器官がある．眼のような視覚器官のほか，嗅覚，味覚，聴覚，触覚，平衡覚や魚類の側線器，昆虫の触角なども器官である．循環器系には，心臓，血管，リンパ管，リンパ節，脾臓，扁桃腺などがある．

　呼吸器系は鼻腔，咽頭，喉頭，気管，気管支，肺からできている．消化器系は口腔，食道，胃，小腸，大腸，直腸，肝臓，膵臓などの器官の集まりである．排出器系（泌尿器系）は腎臓，尿管，膀胱，尿道の器官の集まりである．

　生殖器系は男性と女性で異なるが，男性では，陰囊に包まれる精巣（睾丸），精巣上体（副精巣，副睾丸），陰茎，精管，精囊，前立腺などがあり，女性では，卵巣，卵管，子宮，膣などがある．内分泌器系はホルモンなどの生理活性物質の分泌器官で，さまざまな機能を調節し，恒常性を維持している．主要な内分泌腺はすべて器官と呼ばれ，下垂体，甲状腺，副腎，膵臓，松果体，胸腺，生殖腺，胎盤など数多い．

　これらは脊髄動物，特にヒトの器官を列挙したが，このほかに動物のすべてを含めれば，いくつかの器官系にさまざまな器官があり，それぞれ特殊な機能

をもっている．

器官の形成

　器官は2種類以上の組織が集まって形成されるが，組織の数は少ないし，同じ組織でも場所によってできる器官が違うのは理解に苦しむところであり，生命の不思議である（表21.1）．

　消化管は口腔から肛門に至る消化作用を行う器官の連続である．しかも1つ1つの器官の作用や形は異なっている．しかし，食道に続く管の基本構造はほぼ同じである．管の内腔には粘膜上皮と呼ばれる上皮組織がある．その外側は結合組織で，その周りを薄い平滑筋が取り巻いている．その外側は柔らかな粘膜下層という粗性結合組織で，血管，神経，リンパ管が分布している．その周りを2層の平滑筋（内側が輪走筋，外側が縦走筋）が取り巻き管の蠕動運動を行う．最外層は腹膜（漿膜）といって扁平上皮組織と粗性結合組織でできている．

　このように，似たような構造をしていながら，1つ1つの器官によって形や機能が違うのはなぜだろう．それを知るには卵から形ができる発生の過程を見なければならないが，ここでは場所の違いがあることを指摘しておこう．場所の違いとは口から肛門に至る場所，頭から足の先までの順序的な位置のことである．最内層の粘膜上皮だけは内胚葉である．そのほかの組織はすべて中胚葉である．粘膜上皮という内胚葉を中胚葉が順序よく取り巻いて，このような多層構造をつくっている．

表21.1　器官による上皮組織の機能の相違

上皮組織	器官	機能
被蓋（保護）上皮	皮膚・体腔の上皮	内部の保護
クチクラ上皮	節足動物の体壁・気管	内部の保護
	前腸・後腸の上皮	
吸収上皮	胃や小腸の上皮	栄養分の吸収
	肺や血管の上皮	ガス交換
腺（分泌）上皮	皮膚や外分泌腺の上皮	汗，消化酵素，粘液などの分泌
	乳腺の上皮	刺激の受容
感覚上皮	網膜の感覚上皮，嗅上皮，聴覚のコルティ器官の上皮，舌の味細胞	
生殖（胚）上皮	精巣の精細管，卵巣胚上皮，生殖輸管の上皮	生殖細胞の発生，移動
濾過上皮	腎臓の尿細管	物質の濾過と再吸収
繊毛上皮	気管	小異物の排除
移行上皮	膀胱	尿の貯蔵を可能にする形態変化

消化管の各器官が順序よく正しく形成される様子は卵から次第に胚葉（第14講），組織（第15講），器官が形成される過程を観察するとわかる．胚葉の場所（位置）が重要であることは十分考えられるが，内胚葉，中胚葉，外胚葉の違いについては卵から胚への発生・成長の過程で，位置による遺伝子の誘導が重要であることがわかっている．

=Tea Time=

皮膚の色や匂い

皮膚は表皮と真皮の合作である（図 21.1）．表皮の一番下側の細胞層は基底層と呼ばれ，真皮からの栄養を受け取り表皮に送っているが，基底層の表皮細胞は細胞分裂が盛んで 1 日に何百個もの細胞を新生し，表皮の表面に移動する．表皮の最表層は死滅してケラチン繊維が充満している．基底層でつくられた細胞は表皮の最上層に移動し 40 日で死滅する．つまり，表皮は 1 カ月で完全に入れ替わることになる．

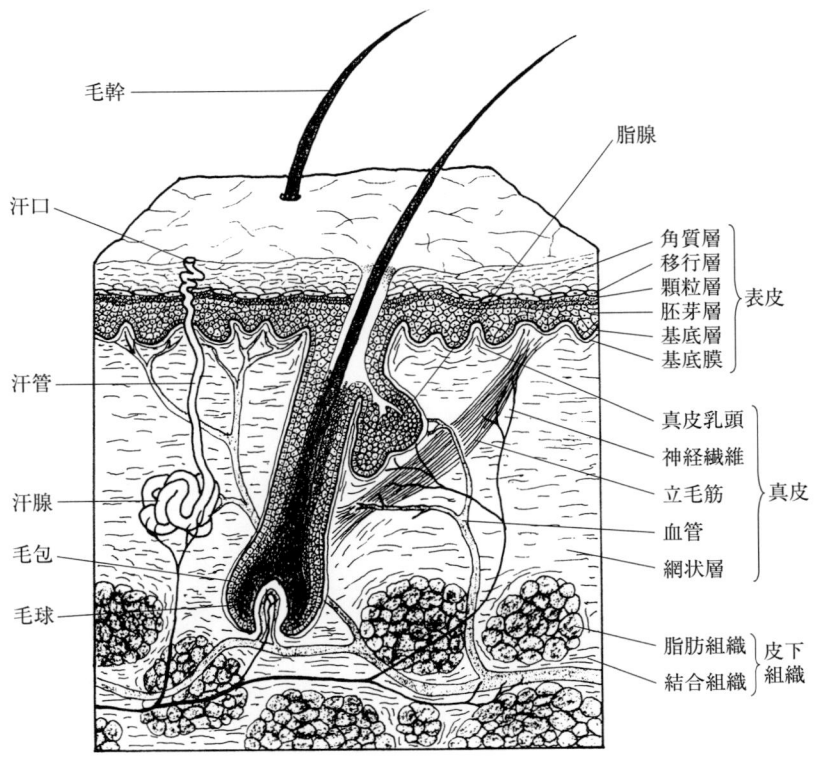

図 21.1　皮膚の構造と汗腺・脂腺

表皮には血管も神経もないが，その下の真皮に血管も神経もあり，感覚受容はここで行われる．軽いやけどや水泡・びらん・潰瘍などは表皮と真皮が離れて，ここに体液などがたまったものである．真皮の下には皮下組織があり，結合組織や脂肪組織があり外界からの影響を緩和するのに役立っている．

　皮膚の色は表皮のメラニン色素の種類と量や血管を流れる赤血球のヘモグロビンの酵素飽和度などによって決まる．コーカサス系のヒトはメラニン色素が少なく皮膚の色が白くて，血液の赤色が透けて見えるという．

　皮膚には脂腺や汗腺がある．これらは外分泌腺で，表皮の基底層の細胞からできて，真皮の奥深くもぐり分泌腺をつくり，逆の先端は表皮に開口している．脂腺の分泌物は皮脂といわれ，脂質と細胞の残骸の混合物である．殺菌作用などがあるが，酸化や細胞の壊死が起こって汚くなって炎症を起こすと，いわゆるニキビになる．

　汗腺にはエクリン汗腺とアポクリン汗腺があり，エクリン汗腺は汗を分泌し，塩化ナトリウム，少量の尿素，尿酸，ビタミンCなどを含んでいる．汗腺は体温調節に重要である．

　アポクリン汗腺は腋窩や会陰部に多く分布し，汗のほかに脂肪酸やタンパク質も含まれていて，これを栄養として細菌が繁殖すると，不快な匂いを発生することがある．脂腺やアポクリン汗腺は男性ホルモンによって分泌が促進されるので，思春期の男女で，活発に活動する．

第22講

動物の種類と器官の相違

> ― テーマ ―
> ◆ 何が器官をつくるのか
> ◆ どんな動物にどんな器官があるか
> ◆ 器官のない動物の生命維持の方法

動物の多様性

　この地球には150万種類くらいの動物がいるが，これからまだまだ新しく発見されるだろうから，種数は増えるであろうが，一方では，環境の悪化に伴って絶滅種も増えるであろう．動物種はそれぞれ異なった特徴を備えており，たとえ同じ器官でも種によって形や色が違ったり，機能さえ違うことがある．動物によって生息環境が違い，異なった種間では生殖できないのが普通である．
　このような動物の多様性が生じたのは，長い年月の間に地球環境が変化し，その中で生息し，生命を子孫に残してゆくために，動物たちはさまざまな遺伝子を獲得し，独自な方法で進化し適応してきたためと思われる．つまり，動物（植物も）の多様性は生物進化の道筋を示していると考えられる．
　これまで，下等動物，高等動物と単純に表現してきたが，進化したものも退化したものもあるから，どちらが下等か高等かは簡単にいえない場合もあり，進化（系統発生ともいえる）の道筋をよく調べなければならない．

原生動物の小器官

　進化における動物の発達は種数を増やし，形や機能を発達させて，いろいろな環境に適応できるように複雑化してきたが，その基本は細胞の分化であり，適応能力の増大のための器官形成による機能の分業である．その発達のお陰で動物の多様性を生じたともいえる．
　動物は大きく分けて原生動物（単細胞動物）と後生動物（多細胞動物）があるが，原生動物には原核動物と真核動物があり（第2講），動物の遺伝性の進化（核の進化）の跡が伺える．後生動物になると，細胞が集団化し胚葉を形成

し，組織・器官の形成が見られるようになる．第16講で胚葉と組織・器官の関係の概略を述べたので，ここではもう少し具体的な考察を加えてみたい．

原生動物は単細胞だから胚葉も組織も器官もない．そのかわり細胞小器官と呼ばれる構造が発達している．代表例としてゾウリムシ（図3.1）を取り上げてみると，

　核（大核：ゾウリムシの形質発現，小核：生殖核）
　繊毛（運動器官および接合の際の種および性の認識）
　細胞口（栄養物質の取り入れ口）
　細胞咽頭（食道に相当，食物の通路）
　食胞（養分の細胞内移動）
　細胞肛門（老廃物の排出口）
　収縮胞（細胞内の水，尿素，アンモニア，二酸化炭素などの排出）（細胞膜は半透明性で水の流入が多いので，水分の除去が主機能）
　外皮（細胞膜：呼吸のための酸素の取り入れ，二酸化炭素の排出）

このほかATP生成のためのミトコンドリアやタンパク質合成のためのリボゾームなどがある．

細胞分化と器官

中生動物のニハイチュウ（二胚虫）は繊毛をもった20～30程度の細胞からなり原生動物と後生動物の中間種と考えられ，タコやイカの腎臓に住む（図16.1）．1つの軸細胞とそれを取り巻くジャケット細胞からできており，軸細胞には軸芽と呼ばれる生殖細胞が分化し，卵と精子をつくり受精によって幼生が発生する．この細胞は両性腺ともいえるような唯一の器官である．

海綿動物になると，細胞の分化が現れるが，組織といえるようなまとまりはない（図22.1），体壁はゼラチン様の中膠の中に遊走細胞と骨片があり，ところどころに入水孔があり，内面に水溝をつくっている．内面には鞭毛をもつ襟細胞があり水流をつくる．襟細胞がまとまって鞭毛室を形成しているものもある．入水孔はまとまって中央の出水孔に連絡している．

プランクトンなどを入水孔から取り入れ，襟細胞や遊走細胞で細胞内消化を行う．呼吸や老廃物の排出は体表で行われ，特別の器官はない．生殖は遊走細胞の一種原始細胞が一時的な分化を起こし，精子・卵をつくる有性生殖を行い，環境が悪くなると芽球をつくる無性生殖を行う．したがって固有の生殖器官はない．受精卵は分裂して胞胚から中実のう胚（原腸胚）になって細胞集団をつくるが，内胚葉，外胚葉の分化はない．

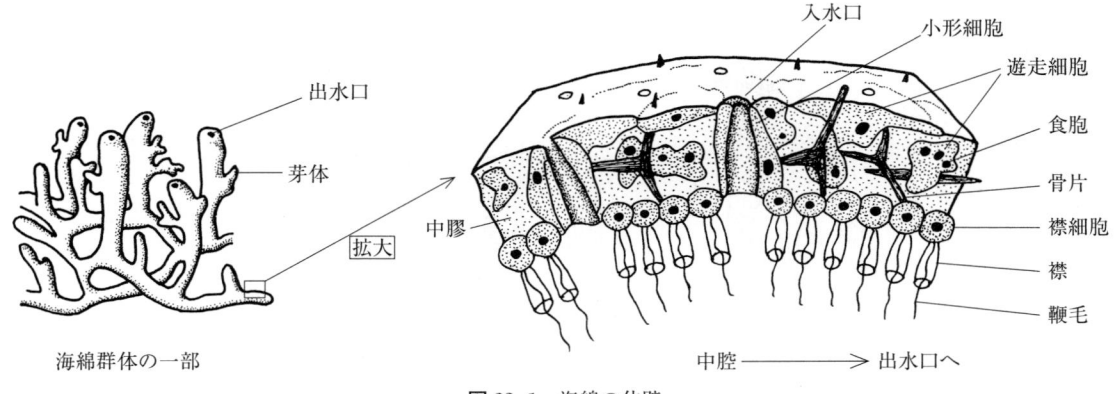

図 22.1 海綿の体壁

二胚葉性と器官

　刺胞動物（以前は刺胞動物と有櫛動物を一緒に腔腸動物と呼んでいた）はヒドラ（図 16.1），クラゲ，イソギンチャク，サンゴなどを含めた動物群で，内胚葉と外胚葉に分化した2胚葉性の動物である．進化的に海綿動物より高等で，組織の分化が見られる．しかし，まだ細胞の特殊化は弱く，網目状に広がった神経系はあるが，器官と呼べるほどの分化はない．

　体壁は外胚葉と内胚葉に分かれ，その間に非細胞性の中膠と呼ぶ間充ゲルの3層でできている．刺胞のある触手をもっているのが特徴で，中央の口で積極的に動物性の食物を取り込む．内胚葉には養分を取り込む栄養細胞，酵素を分泌する腺細胞などがあり，細胞外消化を行ったあとで，栄養細胞に取り込んで食胞をつくり細胞内消化を行う．その他に感覚細胞や神経細胞がある．外胚葉には感覚細胞，神経細胞のほか筋細胞，生殖細胞に変わる胚芽細胞や間細胞，刺胞をだす刺細胞がある．したがって，神経系や消化系の組織的な分化は見られるが，呼吸器，循環器，排泄器などはない．

三胚葉性と器官

　プラナリアのような扁形動物は外胚葉，中胚葉，内胚葉に分化した三胚葉性の動物で，器官系をもつ最も下等な動物である（図 22.2）．頭には感覚器官と中枢神経系がある．外胚葉は表皮で内胚葉は消化管である．消化管は口，咽頭，腸の分化がある．その他の器官は中胚葉由来で，筋肉系，神経系，生殖系，排出系がよく発達し，中胚葉性の網状結合組織で固定されている．循環系や呼吸系はない．

　たとえば，プラナリアは雌雄同体で，生殖系には卵巣，卵黄腺，精巣，輸精

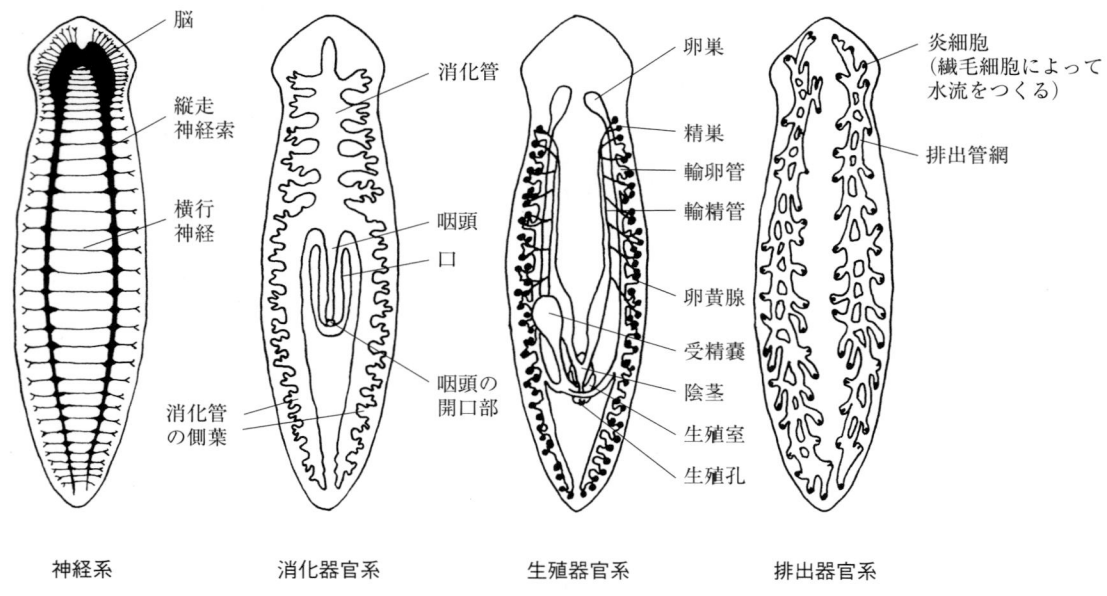

図 22.2 プラナリアの器官

管がある．呼吸などは体表で行われ，酸素や二酸化炭素は拡散で運ばれる．

循環系が現れるのは紐形動物や環形動物で，閉鎖血管系である．軟体動物（タコ，イカのような頭足類は閉鎖系）や節足動物になると，開放血管系をもち心臓もある．呼吸系は軟体動物ように鰓をもつようになると，体表だけでなく鰓でガス交換を行い呼吸系が発達してくる．

軟体動物でも陸生の腹足類（巻き貝）は鰓を失い，外套腔が肺に変わり酸素吸収を効率よくしている．節足動物の呼吸系では鰓，気管，肺のどれかをもっている．剣尾類のカブトガニや多くの甲殻類は鰓をもち，昆虫などは気管が発達し，クモは肺書と呼ばれる肺をもっている．

= Tea Time =

雌雄同体種の生殖

器官の分化は進化を反映して，胚葉の形成に依存しているようであるが，動物の性もまた種の保存，子孫の繁栄のために進化したものと考えられる．

多くの動物は雌雄異体で雌雄の個体が分かれている．ゾウリムシでさえ雌雄があると考えられているが，雌雄同体種もかなり多い．一般的には下等動物に雌雄同体種が多い．ミミズやマイマイ（カタツムリ）やホヤなどはみんな雌雄同体であり，1つの個体が卵巣と精巣の両方をもっている．なかには時間的に

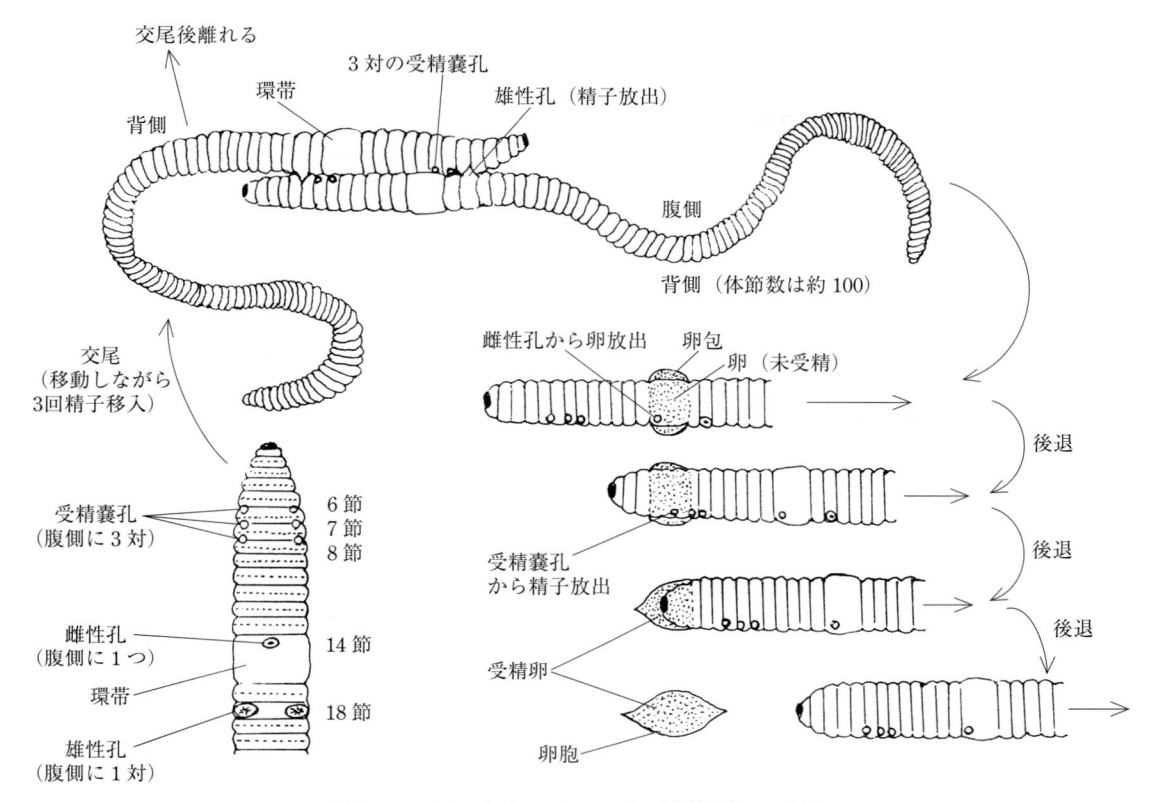

図 22.3　ミミズ（フツウミミズ，雌雄同体）の交尾

あるいは場所的に雌雄（卵巣が精巣に，精巣が卵巣に）が変わり生涯を通じて個体が雌雄の両方を経験することになる．

　雌雄は遺伝子によって決まっており，雌雄同体種は染色体が同じで，両方の遺伝子をもち，場所的にあるいは時間的に，どちらの遺伝子が発現するかによって変わるようである．海綿動物などの下等動物や甲殻類の中には時間的に性が変わるものがあり，幼い個体は雌で老熟すると雄になる継時的雌雄同体の場合や，カキのように1つの集団はすべて雌で，隣の集団はすべて雄という場合があり，しかも翌年にはその雌雄が逆になることがある．

　雌雄同体の場合には自家受精（同じ個体内の卵と精子が受精する）はまれ（線虫がこの例）で，普通，他個体と交尾をして受精する（他家受精）（図22.3）．たとえば，ミミズは交尾をして，他個体から精子をもらって体内に蓄え，産卵の時は雌性孔から卵とゼリーを放出し，からだを移動させて精子をゼリーの中に出し，卵を受精させる．ミミズは他家受精で体外受精をする．

第 23 講

消化器官：食物の分解と吸収

―― テーマ ――
◆ 消化器官とは何と何か
◆ 消化器官の役割
◆ 栄養素はどこでどのように変化するか

消化管とその付属器

　動物は自分ではわずかな物質しか合成できないから，からだの構成成分やエネルギーを得るための栄養を他の動物や植物に頼らなければならない．呼吸のための酸素でさえ植物が放出した酸素に頼っている．特に，からだの構成成分はたえずはたらいているから，時間とともに老廃物となり，新しい成分と入れ替わっている．この新陳代謝のための栄養を食物から補っている．

　そのため消化管は口腔と肛門をつなぐ連続した管で，それぞれ特有の機能をもった器官が順序よく連結している．消化管は口腔，咽頭，食道，胃，小腸，大腸で構成され，大腸の末端を肛門という（図23.1）．さらに胃は噴門，胃底，胃体，幽門に分かれ，胃につながる小腸は十二指腸，空腸，回腸に分かれ，十二指腸には膵臓の消化液を運ぶ膵管と肝臓でつくる胆汁を運ぶ輸胆管（総胆管）が開口している．これに続く大腸も盲腸，虫垂，結腸（上行結腸，横行結腸，下行結腸，S状結腸），直腸，肛門に分かれている（図23.2）．

　消化管の付属器には，歯，唾液腺，膵臓，肝臓，胆嚢などがある．それぞれ食物の消化に重要な役割を担っている．

消化器官の機能（表23.1）

　口腔，咽頭・食道：口腔に食物が入るとすぐに機械的消化と化学的消化が始まる．口腔には歯があり，唾液を分泌する唾液腺が開いているので，食物を摂取し粉砕（咀嚼）し，唾液の唾液アミラーゼでデンプンが部分分解される．唾液腺には耳下腺，顎下腺，舌下腺の3つがあり，どれも唾液アミラーゼを分泌しデンプンをマルトース（麦芽糖，2分子のグルコースが結合した二糖類）に

図 23.1 消化器官の位置図

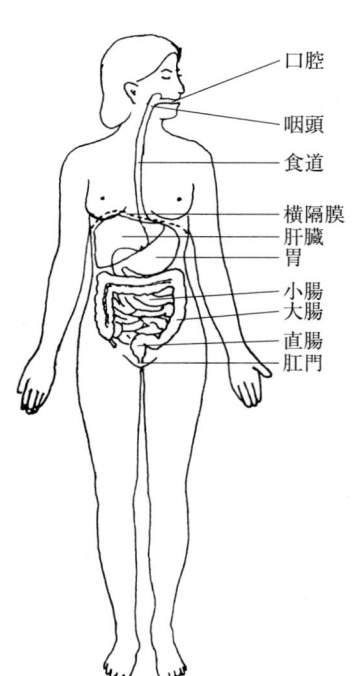

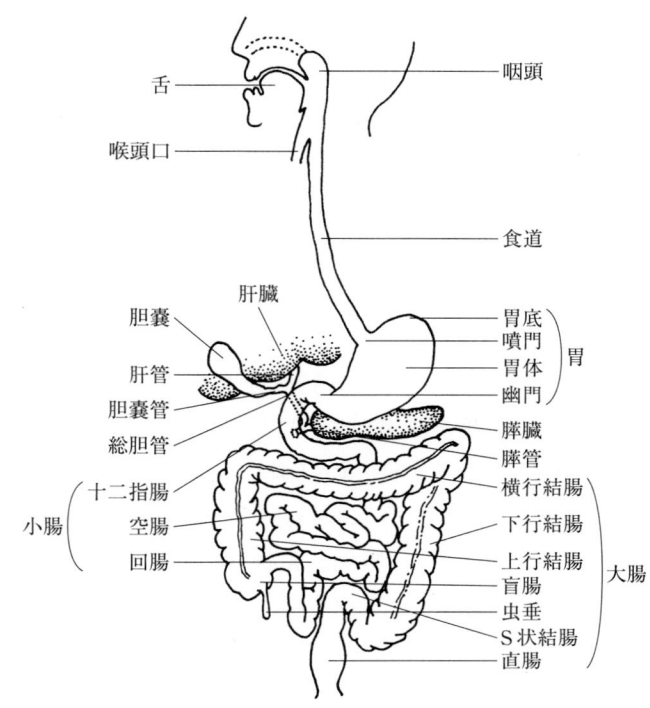

図 23.2 膵臓，肝臓，胆嚢の相対関係（森　於菟他：解剖学，金原出版，1950 より）
胆嚢が見えるように肝臓は反転してある．

分解する．唾液の分泌は副交感神経の支配を受けており，食物を見ただけで唾液が分泌されることがある．食物は唾液に溶けると，舌の味蕾で味覚を感知され，唾液に含まれるリゾチームや抗体（IgA）によって細菌の増殖を阻止され，胃に送り込まれる．咽頭と食道は消化や吸収の作用はなく，嚥下（か）運動によって食物を胃に送り込むはたらきをしている．

　胃：胃は腹腔内の左側にあり，肝臓と横隔膜によって隠され，長さ 25 cm 程度で C 字形に湾曲している．胃壁の筋肉は内側から斜走筋，内輪走筋，外縦走筋の 3 層構造になっており，食物を破砕し，小腸へと動かす．胃の粘膜は単層上皮で，胃小窩（か）と呼ばれる無数のくぼみがあり，そこに胃液を分泌する胃腺がある．胃腺にはタンパク質分解酵素ペプシンの前駆体であるペプシノゲンを分泌する主細胞，塩酸や内因子を分泌する壁細胞（傍細胞），胃粘膜を保護するアルカリ性粘膜を分泌する副細胞やガストリンなどのホルモンを分泌する細胞などがある．

　胃は塩酸の分泌で強酸性の状態にあるので，ペプシノゲンは活性化されタンパク質分解作用をもつペプシンに変わる．胃ではこの酵素でタンパク質を消化するだけで，他の食物の消化は起こらない．また，アルコールなどを吸収する

だけで，他の食物の吸収も行われない．タンパク質の消化活動の大半は胃の幽門部で行われ，濃いクリーム状の糜粥となって，小腸に入る．胃が完全に空になるのに4時間かかる．しかし，高脂肪食であれば6時間以上かかる．

小腸：小腸は消化管の中で最も長い器官で，伸ばせば6～7mほどで生体内では縮んでいて短い．腹腔内で折れ曲がって腸間膜に支えられ，大腸に取り囲まれている．小腸は短い十二指腸と長い空腸と回腸からなる．

化学的消化は小腸で本格的に開始され，肝臓で産生される胆汁（酵素を含んでいない）が胆嚢を経て総胆管から十二指腸に入り脂肪滴の乳化剤としてはたらき，膵臓で産生される膵液も十二指腸に入るが，消化酵素を含み，特に多量に含まれる重炭酸塩によって胃からの酸性の糜粥を中和する．そこで小腸粘膜から分泌される腸液との協調で，消化が始まる．消化され低分子化された分子は吸収されるが，吸収も小腸が主体になって行われる．そのために，小腸壁は微絨毛（刷子縁），絨毛，輪状ひだの3層でできており，吸収のために小腸壁の表面積を広くしている．

個々の絨毛の内部には毛細血管と毛細リンパ管が変形した中心乳糜管があり，消化物を血流とリンパ管によって肝臓へ運ぶ（図23.3）．水と消化物は小腸上皮細胞から能動輸送によって吸収される．その後で，絨毛内の毛細血管に入り，血流に乗って門脈（図23.4）を経て肝臓に輸送される．脂肪は例外で，拡散によって受動的に吸収される．その後で，絨毛内の毛細血管と中心乳糜管に入り，血液とリンパ管の両方で肝臓に運ばれる．

小腸の中で食物は4～8時間をかけて消化・吸収される．残っている水と未消化物（食物繊維など）と細菌などの残渣は大腸に入る．

大腸：大腸の全長は約1.5mの長さがあり，結腸が長く上行結腸，横行結腸，下行結腸，S状結腸に分かれて小腸を囲んでいる．大腸に入ってきたものはほとんど栄養素を含んでおらず，消化酵素も分泌しないが，大腸（主に結腸）に住んでいる細菌が一部のものを分解して悪臭のもととなるガス（メタンや硫化水素）を産生する．一方ではビタミンKとビンタミンB複合体も合成する．

大腸で吸収するものは，これらのビタミン，電解質，水分だけである．残った食物残渣，粘液，多くの細菌と水分は糞便として体外へ放出される．食物の移送は消化管の蠕動運動によるが，大腸の蠕動は緩慢で，大腸を通過するのに12時間から24時間かかる．繊維性食物は結腸の収縮力を高め，便を柔らかくして，結腸の蠕動を助ける．

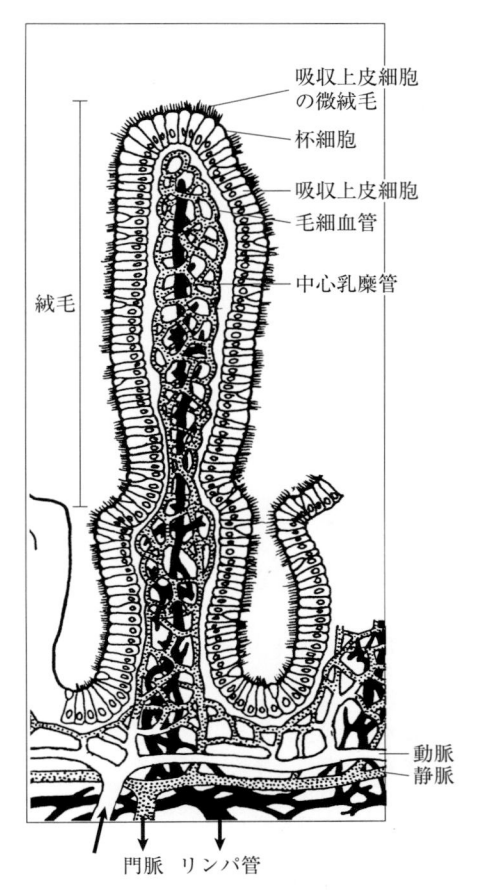

図 23.3 絨毛の中心乳糜管
(マリーブ（林　正他訳），1998 より)

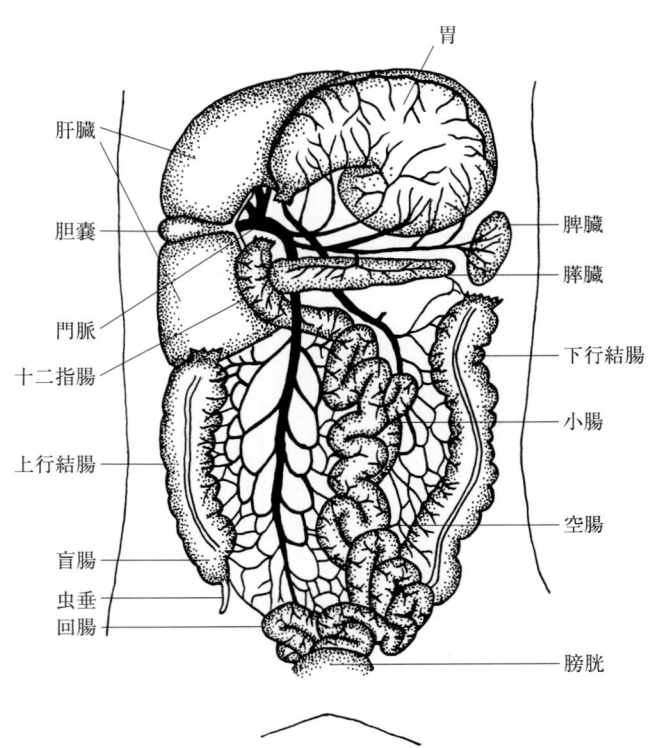

図 23.4 門脈（森　於菟他：解剖学，金原出版，1950 より）
腸間膜にある門脈が見えやすいように胃や肝臓は反転し，小腸の一部や横行結腸などは除いてある．また肝臓内での門脈の枝分かれは描いていない．

栄養素の分解を助けるホルモン

　栄養素として重要なものは，炭水化物，脂質，タンパク質の三大栄養素とビタミン，ミネラル，水である．

　胃に食物が入ることで副交感神経の反射とホルモン分泌を刺激する．副交感神経は胃腺を刺激して胃液を分泌させる．また，胃から分泌されるホルモンはガストリン（胃液の分泌促進），ヒスタミン（塩酸の分泌），ソマトスタチン（胃液の分泌抑制，胃内容の移送抑制）などである．胃は酸性になり，胃液のペプシノゲンはペプシンに変わりタンパク質分解酵素としてはたらく．胃ではタンパク質が分解されるだけで，アルコール以外の吸収も行われない（表23.1）．

表 23.1 消化器官の機能

口腔	消化（糖）	唾液アミラーゼによりデンプンをデキストリン，オリゴ糖に分解する．
胃	消化（タンパク質）	ペプシンによりタンパク質をポリペプチドに分解する．
	ホルモン分泌	ガストリン： 胃液の分泌を刺激する． ヒスタミン： 胃壁細胞を刺激して塩酸の分泌を促進する． ソマトスタチン： 胃液と膵液の分泌を抑制する．胃内容物の移送を抑制する．
	吸収	アルコールを吸収し門脈を経て肝臓に運ぶ．
	移送	胃体の蠕動運動により4〜5時間かけて食物を小腸に移送する．
小腸	消化（糖）	デキストリナーゼ，グルコアミラーゼによりオリゴ糖やスクロースをグルコースやフルクトースに分解する． ラクターゼ，マルターゼ，スクラーゼによりラクトース，グルコース，スクロースをガラクトース，グルコース，フルクトースに分解する．
	（タンパク質）	トリプシン，キモトリプシン，カルボキシペプチダーゼによりポリペプチドをペプチドに分解する． アミノペプチダーゼ，カルボキシペプチダーゼ，ジペプチダーゼによりペプチドをアミノ酸に分解する．
	（脂質）	胆嚢からの胆汁酸によって脂質を乳化する．膵リパーゼにより脂質をグリセロールと脂肪酸に分解する．
	吸収（糖）	単糖類を吸収し毛細血管から門脈を経て肝臓に運ぶ．
	（アミノ酸）	アミノ酸を吸収し毛細血管から門脈を経て肝臓に運ぶ．
	（脂質）	乳化脂質を吸収し中心乳糜管に入り胸管・鎖骨下静脈・肝動脈を経て肝臓に運ぶ． グリセロールと脂肪酸を吸収し門脈を経て肝臓に運ぶ．
	ホルモン分泌	セクレチン（十二指腸）： 重炭酸イオンの多い膵液の分泌を促進し胃液を中和し，肝臓からの胆汁分泌を促進する．胃の運動と胃腺の分泌を抑制する． コレシストキニン（十二指腸）： 酵素の多い膵液の分泌を促進する．胆汁の放出を促進する．胆汁と膵液を十二指腸へ流入させる． 胃抑制ペプチド（十二指腸）： 胃液の分泌を抑制する．
	移送	小腸の蠕動運動・分節運動により4〜8時間かけて未消化物を大腸に移送する．
大腸	細菌による分解・合成	残渣を分解してガスをつくる．ビタミンK，ビタミンB複合体を合成する．
	吸収	残渣中の水分を吸収する．
	移送	残渣（糞便）を12〜20時間かけて直腸へ移送する．

　小腸では食物の刺激でセクレチン，コレシストキニンなどのホルモンが分泌され，迷走神経（副交感神経）も刺激されて，腸液，膵液，胆汁を分泌させ，消化と吸収が始まる．小腸では膵液に含まれる重炭酸塩によって胃からの酸性物質が中和され，膵アミラーゼ，トリプシン，キモトリプシン，膵リパーゼ，ヌクレアーゼなどの酵素によって，炭水化物，タンパク質，脂肪，核酸などが

分解される．炭水化物はグルコースなどの単糖類に，タンパク質はアミノ酸に，脂肪は脂肪酸とグリセロールなどに，核酸は塩基などに分解され吸収される．腸液は粘膜を保護する粘液を分泌し，胆汁は脂肪滴を小滴にして膵リパーゼを作用しやすくし，また脂肪や脂溶性ビタミン（A，D，K）の吸収を助ける．水分と消化物の吸収は小腸の全域で能動輸送によって行われる．

　大腸ではホルモンの分泌はなく，栄養素の分解，吸収は行われない．大腸で細菌によって合成されたビタミンKやビタミンB，無機イオン，水などが吸収される．

Tea Time

嘔吐，下痢，便秘

　食中毒や不快なものを食べて嘔吐を起すことがある．これは胃や小腸への刺激が脳（延髄）の嘔吐中枢を刺激するためである．嘔吐中枢が刺激されると，胃や小腸に逆方向の蠕動運動が起こり，食物が逆方向に移動するとともに腹筋や横隔膜が収縮し，腹腔の内圧が上昇して苦しい．車酔いや船酔いも原因は内耳の平衡器の混乱であるが，それが脳の嘔吐中枢を刺激して嘔吐を引き起こすことがある．

　食物や胃液などの分泌液を含めて，1日当たりの消化管にはおよそ9000 ml近くの水分が入るが，このうち8000 mlの水分が小腸で吸収され，500 mlの水分が大腸に入る．大腸の1日の水分吸収量は300から400 mlといわれ，およそ100 mlの水分が糞便とともに排泄される．しかし，感染性下痢や寝冷え，暴飲暴食などさまざまな原因で，水分の吸収障害や大腸での残渣の通過時間短縮などが起こると下痢になる．

　逆に食物残渣が長時間大腸に留まると水分が吸収されて便がかたくなり便秘（排便困難）となる．通常は直腸に食物残渣が移動してくると排便反射（脊髄反射）が起こり，直腸収縮，肛門括約筋の弛緩，腹圧の増加によって排便が起こる．

第24講

肝臓：同化と解毒

> ─ テーマ ─
> ◆ 物質代謝とは何か
> ◆ 肝臓で合成されるもの
> ◆ 肝臓で解毒されるもの

肝臓の役割

　消化され吸収された養分が最初に運ばれるのが肝臓（図23.1）である．肝臓は消化器系の付属器官であるが，からだの中で大きくて多機能の分泌腺であり，重要な機能をもっているので，ここで別個に取り上げた．

　一般に代謝とは物質代謝とエネルギー代謝を含めた用語で，生体内の化学変化を代謝というが，物質の変化の観点からみたとき物質代謝といい，エネルギー変化の観点からみたときエネルギー代謝という．物質代謝では複雑な物質をより簡単な物質に分解する反応を異化といい，その逆に，簡単な物質から複雑な物質につくり変えることを同化という．この用語は，その生物に特徴的な有用な物質につくり変えることに限定して用いられ，単に排泄するための無毒化のための変化などには用いられない．

　肝臓は小腸などから吸収した栄養素をその動物が利用可能な物質につくり変え，エネルギー合成のために利用したり，細胞などの構造をつくるために利用したり，一時的に利用可能な形で蓄えたりしている．さらに，からだの各細胞は肝臓から送られた栄養素を材料にして，その細胞の構造をつくるための反応や特有の機能するための化学反応，たとえば，ホルモン合成のような同化を行っている．

　小腸上皮によって吸収されたほとんどの消化産物は絨毛内にある血管（門脈）に入り（図23.4），脂肪は脂肪酸とグリセリンに分解され中心乳糜管（リンパ管）に入り，もとの脂肪に戻り，一部は脂肪小滴のままでリンパ管に入り，血管とリンパ管とで肝臓に運ばれ，ここでさまざまな変化を受ける（図23.3）．摂食時には多量に吸収された脂肪小滴でリンパ液は乳白色に濁ってい

るので乳糜と呼ばれ，リンパ管は乳糜管と呼ばれる．

　門脈は他の静脈のように，毛細血管が漸次合流して心臓に戻るという形をとらないで，毛細血管が合流した静脈が肝臓で再び分枝して毛細血管になり，肝臓に吸収した物質を受け渡すという形をとっている．このような静脈を門脈（図 23.4）といい，肝門脈系，腎門脈系，下垂体門脈系などがあるが，単に門脈という場合は肝門脈を指す．

肝臓と同化

　肝臓は胆汁の産生のような消化に重要な役割を果たすが，その他にも物質代謝に重要な役割を果たす．

　肝細胞は血流で運ばれてきたグルコース，アミノ酸，脂肪酸などを取り込み，さまざまな物質合成の材料にする一方で食細胞が消化管で血流に入り込んだ細菌を殺して取り除く．

　肝臓の同化のはたらきの第一はグルコースからのグリコゲン合成である．デンプンなどを壊してグルコースに分解し，グリコゲンにつくり直すことである．肝臓は血液のグルコース濃度（血糖値）を一定に（およそ 100 mg/100 ml）保つはたらきをしている．取り込んだグルコースが多いとグリコゲンという大きな分子の多糖類を合成し，肝臓内に貯蔵する．血液のグルコース濃度が減少すると，グリコゲンを分解してグルコースを血中に放出する．必要に応じてタンパク質（アミノ酸），脂肪（グリセロール），乳酸，ピルビン酸などからもグルコースを合成することができる．これを糖新生（図 5.3）という．糖新生を行うのは肝臓と腎臓だけである．血中のグルコース量はホルモンによって調節されている．

　膵臓から分泌されるインスリンはグリコゲン合成を促進して血糖値を低下させる．膵臓から分泌されるグルカゴン，副腎髄質から分泌されるエピネフリン（アドレナリン），副腎皮質から分泌されるグルココルチコイドなどはグリコゲン分解や糖新生を促進して血糖値を上昇させる．

　血液のアルブミンやフィブリノゲンのような血漿タンパク質はすべて血液からアミノ酸を取り込んで合成し，血中に再放出したものである．脂肪は肝臓のエネルギー源として分解されるが，コレステロールは合成される．

　コレステロール，脂肪，脂肪酸などは水に溶けないので，肝臓でタンパク質と結合して複合体をつくり，リポタンパク質として血中に運ばれる．肝臓から血液によってからだの細胞にコレステロールや脂肪を運ぶのは比重の小さい低比重リポタンパク質（LDL）で，細胞の需要に応じて供給しているのであるが，多すぎると動脈壁に付着して動脈硬化の可能性を生じるので，悪玉コレス

テロールと呼ばれることがある．逆に多すぎるコレステロールは高比重リポタンパク質（HDL）によって細胞から肝臓に運ばれて胆汁の成分として排出されるので，コレステロールを減らす善玉コレステロールと呼ばれている．実際には LDL も HDL も必要であり，そのバランスが重要である．

肝臓と解毒

　タンパク質の成分であるアミノ酸や核酸の成分である塩基などはエネルギー源に利用されたり分解されるとアンモニアができる．アンモニアは有毒であり，下等動物や魚類は体表から排出しているが，爬虫類や鳥類は水に溶けない白色の尿酸に変えて糞と一緒に排出している．哺乳類や両生類は水に溶ける尿素に変えて排出する．有毒なアンモニアを無毒な尿素に解毒する反応は肝臓で起こり，できた尿素は血流にのって運ばれ腎臓から排出される．肝臓のアンモニア解毒反応系は尿素回路あるいはオルニチン回路と呼ばれている（図 24.1）．

　アルコールも大量に飲めば有毒である．アルコールは胃でも小腸でも吸収されて 40 分くらいで血中の最高値に達する．アルコールが排出されるのには 8〜10 時間かかる．アルコールの解毒も肝臓で行われる．肝臓細胞にはアルコール脱水素酵素があり，その作用によってアルコールはアセトアルデヒドに変えられる．このアルデヒドはミトコンドリアのアルデヒド脱水素酵素で急速に酢酸に酸化されるので，アルコールの解毒が早いか遅いかは肝臓のアルコール脱水素酵素の活性に依存する．また，アルコールを飲むことによって皮下脂肪がたまることがある．これはアルコールの解毒の際にできる NADH が脂肪合

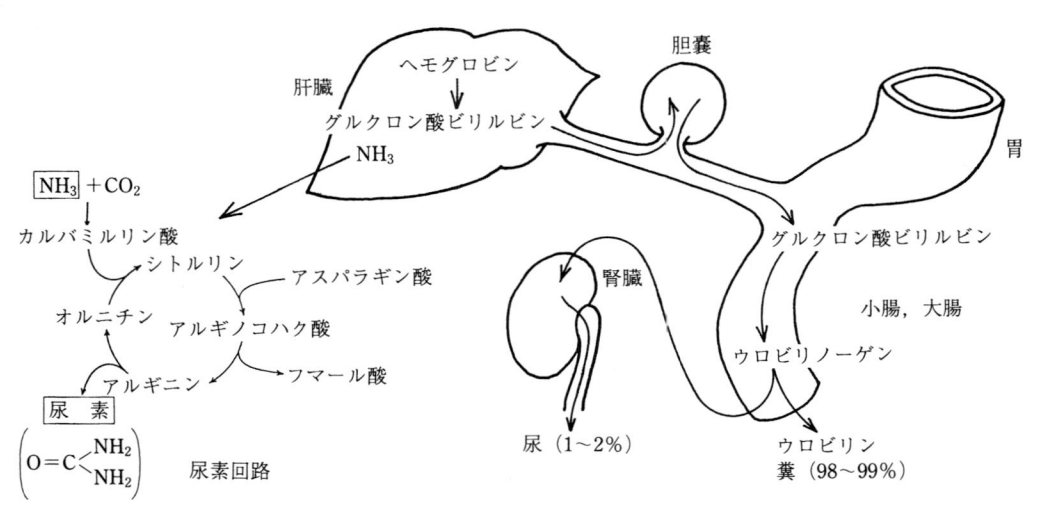

図 24.1　肝臓におけるアンモニアの解毒（尿素回路）とヘモグロビンの変化

成を促進する結果をもたらすことによるようである．

その他，肝臓ではいろいろな老廃物や有害物質が解毒される．細菌，異種タンパク質，内毒素，老化赤血球，血小板，フィブリン，トロンビン，トロンボプラスチン，ヘモグロビン，血漿タンパク質などや経口的にあるいは注射，傷などから入った薬物，毒物なども肝臓の酵素で無毒化されて排出される．これらは酸化反応，還元反応，複合体形成などの方法によって無毒化され，胆嚢を経て小腸に送られ，糞便とともに排出される．複合体形成は有害物質が肝臓でアミノ酸，グルクロン酸，タウリン，硫酸基，酢酸基，メチル基などと複合体をつくって解毒される方法である．ここでは顕著な2つの例をあげてみよう．

老化した赤血球は肝臓で壊されてヘモグロビンがでてくる．ヘモグロビンは分解されてヘムとタンパク質のグロビンになる．ヘムは還元反応によって緑色のビリベルジンになり，さらに黄色のビリルビンになる（図24.2）．これらが胆汁に色をつけるので胆汁色素と呼ばれる．ビリルビンはグルクロン酸と結合して水に溶けやすいグルクロン酸ビリルビンになり，輸胆管を経て小腸に排出され，腸内細菌によって無色または黄色のウロビリノーゲンに変えられ，糞とともに体外に捨てられる（図24.2）．

腸の機能が完全でないと，緑色の糞がでることがあるのはヘログロビンの不完全解毒のためである．また，肝臓や胆嚢の機能不全によってビリルビンが血流によって組織にたまると黄疸になる．

体中の余分なコレステロールや性ホルモンは肝臓でコール酸などの胆汁酸に変えられ，これがグリシンまたはタウリンと結合して複合体をつくる．このグ

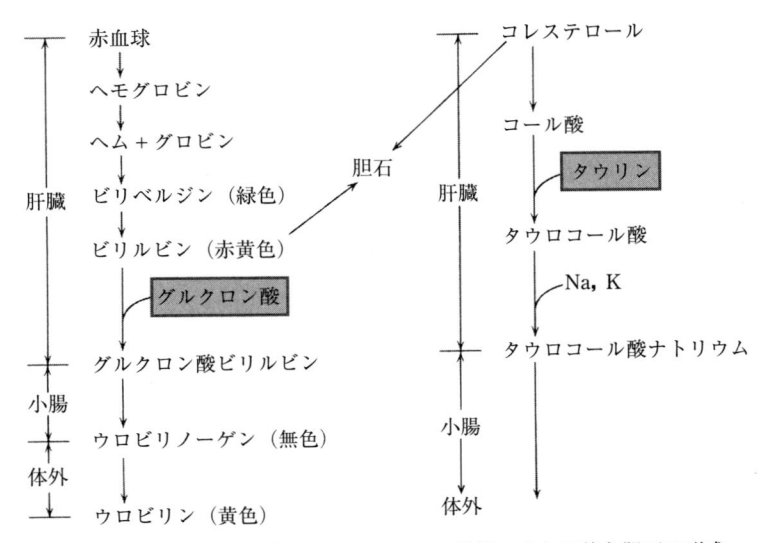

図24.2 ヘモグロビンとコレステロールの分解，それに伴う胆石の形成

リココール酸やタウロコール酸はナトリウムやカリウムと結合した胆汁酸塩として，胆嚢，輸胆管，小腸を経て排出される（図24.2）．胆汁酸，胆汁色素を含めて胆汁の大部分は腸で吸収され門脈を経て肝臓に戻り，再び胆汁として小腸に排出されるのを繰り返しているので，腸肝循環と呼ばれる．この循環をはずれた部分だけ順次体外へ排出される．

=====Tea Time=====

胆 石

　胆汁が長く胆嚢に蓄えられていたり，水分が減少したりすると，胆汁の成分が結晶化して不溶性の結石になることがある．これを胆石というが，胆石はとがっていることが多いので，胆嚢が収縮するときに強い痛みを伴うことがある．

　胆石の成分はいろいろあるが，主要なものはコレステロールの結石とビリルビンの結石である（図24.2）．胆石は輸胆管や総胆管をふさぎ胆汁の小腸への流れを妨げ，肝臓へ逆流し，さらには血流に入って組織・細胞に達し黄疸になることがあるが，黄疸の主要な原因はウィルス感染による肝炎やアルコールの飲み過ぎによる肝硬変のような肝障害によることのほうが多い．

　従来，日本人ではビリルビン胆石の頻度が高かったが，最近はコレステロール胆石が増加している．食生活の変化が主要な原因と考えられている．

第 25 講

呼吸器官：
外呼吸・内呼吸・細胞呼吸

テーマ
- ◆ 呼気と吸気と肺活量
- ◆ 腹式呼吸のしくみ
- ◆ 何のために呼吸するか

呼吸器官のはたらき

　呼吸器官は鼻腔や口腔から咽頭，喉頭，気管，気管支を経て肺の先端の肺胞に至る空気の通路にあたる器官の総称であるが，ガス交換の意味を考えると，酵素が肺胞から血流にのって組織・細胞まで運ばれ，細胞内へ入ってミトコンドリアに達し，そこでエネルギー生成にはたらき，その際に発生した二酸化炭素を運び出す（第9講）ところまでを一緒に考えたいが，循環器系の重要な役割もあるので（第26講参照），ここでは呼吸器官に関する部分だけを考えることにする．

　呼吸器官の先端に鼻がある．鼻の内部の鼻腔は粘膜に覆われ，粘膜腺が発達している．だから空気（吸気）が鼻腔を通る間に暖められ，粘液によって加湿される．外から入ってきた細菌や粉塵は粘液に付着して体内には入らない．粘膜の細胞には繊毛があり，汚物が付着した粘液を咽頭の方に押し流し，飲み込まれて胃液で消化される．しかし，非常に寒くて吸気が冷たい時には繊毛ははたらかず，粘液は鼻水として出てくる．

　鼻腔の上部には嗅覚の受容器があり，匂いを知覚する．鼻腔は副鼻腔に囲まれ音を発する際に共鳴を起こし音質を変える効果もある．いわゆる鼻音，裏声というのがこれである．いろいろな点で鼻腔の役割は大きい．

　咽頭は筋肉で囲まれた，一般にのどといわれる長い部分で，食物と空気の両方の通路である（図23.1）．食物は口腔から入り，咽頭の口部，咽頭の喉頭部を経て食道へ入る．空気は鼻腔から入り，咽頭の鼻部，咽頭の口部，咽頭の喉頭部を経て喉頭に入る．咽頭は空気と食物の別れ道であり，分かれさせているのは喉頭である（図25.3）．

喉頭は咽頭の後部にあり，のど仏のある部分である．喉頭の上部には喉頭蓋があり，通常は開いていて空気は気管の方へ流れる．食物や液体が咽頭に入ると，喉頭は引き上げられ，喉頭蓋は喉頭の開口部をふさぎ，食道への道ができる．万一空気以外のものが喉頭に入ると，咳反射が起きて喉頭内の物質を押し出す．しかし，この反射は意識がない時にははたらかないので，意識のない人に水を与えたりしてはならない．

喉頭には声帯（ヒダ）があり声門を形成していて，声や言葉を発することができるが，これは呼気（吐く息）が声門を通る際に声帯が振動することによって起こる．言葉の違いは口腔や唇の形によってつくられ，空気を口腔に吐き出すか，鼻腔に送って共鳴させるかによって音質が変わる．

気管は喉頭から入った空気の肺への通り道で，約 10 cm の長さである（図 25.3）．気管は繊毛細胞（図 17.1B）と粘液を分泌する杯細胞で覆われていて，繊毛をのどの方に動かして塵やほこりを含んだ粘液が肺内に入るのを防ぎ，吐き出している．しかし，喫煙によって繊毛運動は阻害され，しだいに繊毛細胞も壊されるので，咳をすることでたん（痰）を出すしか方法がなくなる．したがって，喫煙者の咳止め剤の使用は危険である．

気管支は気管が左右の 2 つに分枝し，肺内で枝分かれして細くなり，細気管支と呼ばれ，その先は呼吸部で，肺胞管となり数百万の肺胞で終わっている．

肺は左右 2 つに分かれ，上部は細くとがって肺尖部と呼ばれ鎖骨の奥にある，下部は広くなった肺底部で横隔膜の上に乗っている．左右の肺は右が 3 葉，左が 2 葉に分かれている．各肺は胸膜に覆われ，呼吸の際に胸壁にそって滑らかにすべる．

ガ ス 交 換

呼吸とは生体に酸素を取り入れて，栄養素を分解し，その時放出されるエネルギーを ATP に変え，分解されてできる水素は供給された酸素と反応して水をつくり，もう 1 つの産物の二酸化炭素を体外に放出するまでの全過程を指す．

この時，呼吸気管は肺固有の弾性と筋肉運動の協力によってガス交換を行う．口腔と鼻腔で外界の酸素を吸い肺に取り入れる（吸気）．逆に肺で受け取った二酸化炭素は受動的な肺の収縮によって体外へ吐き出す（呼気）．

ついで肺の外呼吸が起こる．肺の肺胞と肺に分布する毛細血管との間で酸素の受容と二酸化炭素の排出が行われる．

ついで血流によるガスの運搬を行う．酸素は肺静脈に受け取られて心臓から各組織へ動脈血によって運ばれ，二酸化炭素は組織・細胞から静脈血中に排出

されて心臓を経て肺に運ばれる．各組織の毛細血管で血液と組織・細胞の間で行われ，さらに，細胞に入った酸素が栄養素の分解＝エネルギー合成が使われ，二酸化炭素と水が放出されるミトコンドリアが関与するガス交換を内呼吸または細胞呼吸と呼ぶ（第9講）．

外呼吸と内呼吸

外呼吸は肺で行われるガス交換で（図25.1），内呼吸は毛細血管と細胞で行われるガス交換であるが，いずれのガス交換も拡散によって行われる．肺の肺胞では酸素濃度が高く，二酸化炭素の濃度は低いので，酸素は毛細血管へ，二酸化炭素は肺胞へ移動し，ガス交換はいつも1方向性である．内呼吸も同様である．

外呼吸では肺胞の上皮細胞と毛細血管の内皮細胞が接しており，呼吸膜と呼ばれる．肺胞の酸素は拡散で呼吸膜を通過し毛細血管内の赤血球のヘモグロビンと結合し，わずかな酸素が血漿に溶けた状態で組織・細胞へ運ばれる．逆に肺の毛細血管の二酸化炭素はほとんどが重炭酸イオンとして血漿に溶けており，一部がヘモグロビンと結合しているが，肺胞での濃度より高いので，二酸化炭素は肺胞へ向かって拡散していく．交換されたガスは呼気と吸気によって新しい空気に置き換わる．

内呼吸では肺のガス交換とは逆で，酸素はヘモグロビンから遊離し細胞内へ移動する．細胞内の二酸化炭素は拡散によって血液中に入る．二酸化炭素と水は赤血球に入り，そこにある炭酸脱水酵素によって炭酸になるが，すぐに重炭酸イオンに解離して血漿に溶け出て静脈によって心臓へ，さらに肺へ運ばれる．

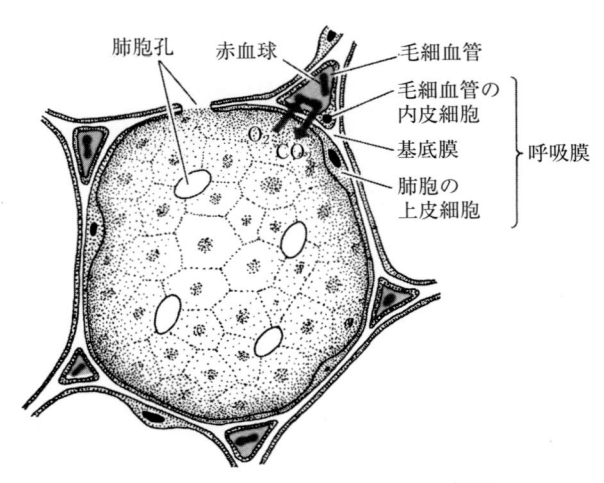

図25.1 1つの肺胞と血管とのガス交換

呼 吸 運 動

　肺の空気の出入りは胸腔の容量の変化に依存する機械的な運動による．通常の呼吸運動は，横隔膜と外肋間筋（呼吸筋）の収縮と弛緩によって行われる．横隔膜が収縮すると，横隔膜は下にさがって平坦になり，肺の上下を長くする．同時に外肋間筋が収縮すると，肋骨を持ち上げることになり，背腹の方向に幅が厚くなる．この両方のはたらきで胸腔は広くなり，肺は広がる．これが空気を吸う（吸気）運動である．横隔膜と外肋間筋が弛緩してもとに戻る運動が逆に空気を吐く（呼気）運動で，努力を必要としない運動である．この時の1回の換気量は約 500 ml である．

　さらに努力して深呼吸をするときは，無理に呼吸筋を収縮させたり，胸部をふくらませて腹腔の臓器を下降させて，胸腔を広げて多くの空気を吸うと，吸気量は 2000〜3000 ml に増大する．これを予備吸気量という．逆に努力して空気を吐く場合には，内肋間筋を収縮させて胸腔を押し下げるとともに腹筋を収縮させて，腹腔内の臓器を押し上げ，その力で横隔膜を押し上げて，肺内の空気を押し出す．この時の呼気量は 800〜1200 ml で，予備呼気量という．これらの総和を肺活量といい，およそ 4000 ml である（図 25.2）．普通，腹筋の収縮・弛緩で内臓を上下させる力で横隔膜を上下させ呼吸を行う場合を腹式呼吸といい（図 25.3），消化器系の運動になり，便秘などを防ぐ消化器系の正常化に役立つ．

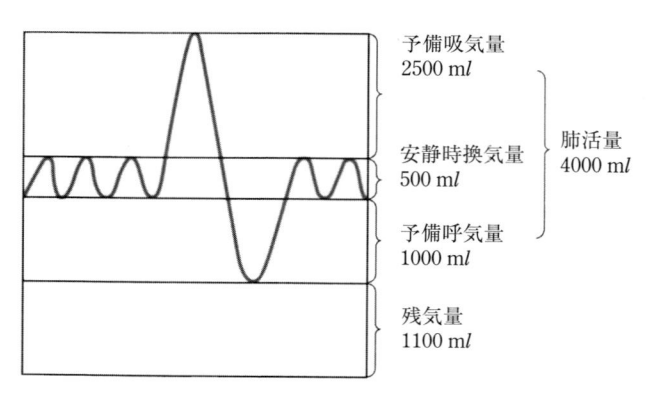

図 25.2　安静時と深呼吸時の換気量

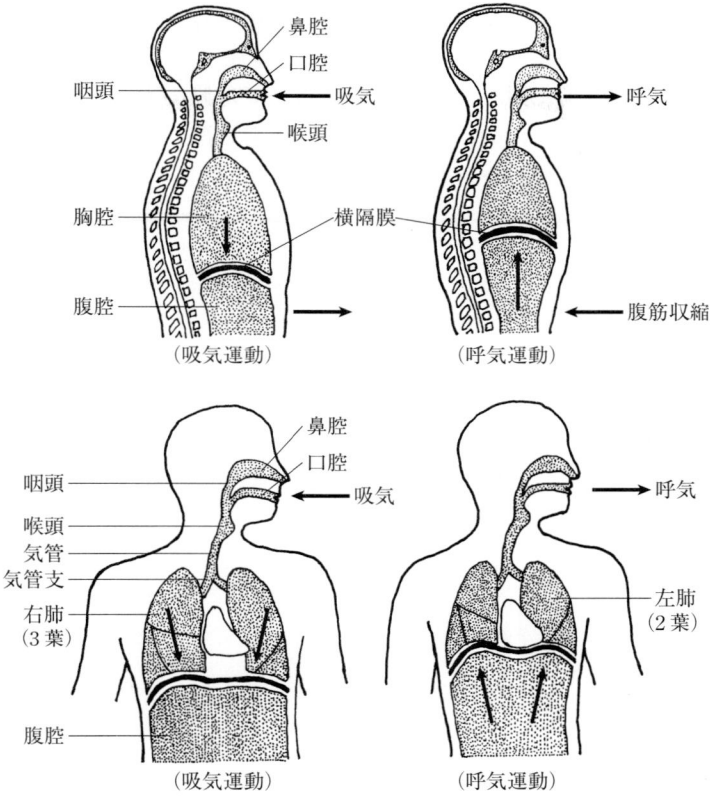

図 25.3　腹式呼吸時の呼吸器系の変化

Tea Time

一酸化炭素中毒

　血管内の酸素が欠乏したり，酸素ヘモグロビンの減少などが起きると，皮膚が青みがかったり，唇が紫色になったり病的になることがある．この状態をチアノーゼといって，心臓や肺の障害で起こることが多い．酸素の少ない高地で起こることもある．

　これとは違って火事などでは，酸素が減少すると同時に一酸化炭素が増大する．一酸化炭素は匂いも色もない気体であるが，ヘモグロビンと強く結合する性質があり，しかも酸素と同じ部位に結合する．したがって，一酸化炭素が増加すると，酸素ヘモグロビンの酸素を除いてしまい，一酸化炭素ヘモグロビンが多くなる．これが一酸化炭素中毒である．この中毒はチアノーゼ症状を示さず，呼吸困難の症状もなく，致命的になり，意識障害や拍動性頭痛を起こし，大変危険である．

ヘモグロビンは酸素や少量の二酸化炭素を運搬するはたらきがあるが，酸素と二酸化炭素がヘモグロビンに結合する部位は違うので，同時に運搬できるが，一酸化炭素は酸素と同じ部位に結合するので危険である．意識障害によって気づくことが多いが，この治療には，体内から一酸化炭素がすべて排除されるまで純粋な酸素を投与しなければならない．

第26講

循環器官：心臓血管系とリンパ系

テーマ
◆ 肺循環と体循環
◆ 血圧とは何か
◆ 血液の成分とはたらき

心　臓

　循環器系というと，心臓と血管を思い浮かべるが，もう1つ重要なものがリンパ管である．そして，前者では心臓というポンプの力で血液が一方通行で流れ（図26.1），後者にはポンプはないが，やはり一方通行でリンパ（リンパ液）が流れている（図26.3）．

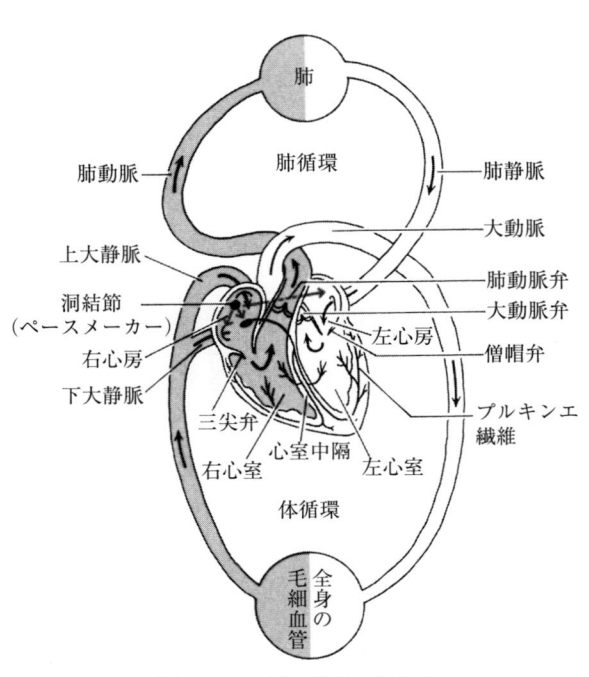

図 26.1　心臓血管系の概念図

心臓は二重になっている心膜（心囊）に包まれてスムースに拍動できるようになっている．ヒトの心臓は2心房，2心室の4つの部屋に分かれ，肺循環と体循環を行う（図26.1）．

　肺循環：上・下大静脈→右心房→右心室→肺動脈→肺→肺静脈→左心房→左心室

　体循環：左心室→大動脈→細胞・組織（毛細血管）→静脈→上・下大静脈→右心房

　このような一方通行の血流を可能にしているのは，心臓にある4つの弁とペースメーカーのおかげである．心房から心室への弁は房室弁といわれ，左側を二尖弁（僧帽弁），右側は三尖弁という．このため心室から心房へは逆流しない．心室から動脈への弁は動脈の起点にあって半月弁と呼ばれ，肺動脈の起点にある肺動脈弁と大動脈の起点にある大動脈弁とがある．

　心筋は神経がはたらかなくても自律的に収縮（心拍）する．この自律的な活動の速さや間隔は2つの制御システムで調節されている．1つは自律神経で，他の1つは心臓の組織内部にある刺激伝導系である．刺激伝導系の起点は右心房にある洞（房）結節で繰り返し脱分極を起こし，心拍数を決定している．このため洞結節はペースメーカーといわれる．この刺激が房室結節を経てプルキンエ繊維に伝えられ，心室は心尖部から収縮を始める．この時，房室弁は閉じていて血液は動脈へと送り出される．自律神経は心臓の拍動数に影響を与える．

　自律神経系の交感神経は心拍数を増加させ，副交感神経は心拍数を減少させる．心拍数が顕著に増加すると，心臓に栄養や酸素を送っている冠状動脈に十分な血液が流れなくなり，心筋の酸素不足で激しい胸痛を起こす．これが狭心症である．この酸素不足が続くと，心筋は壊死を起こし心筋梗塞になる．一般にいわれる心臓発作である．

血　管

　血管は動脈も静脈も内膜と中膜と外膜でできており，動脈は平滑筋でできた中膜が厚く弾力に富んでいる．静脈は内腔が広く，太い静脈には静脈弁があり，血液の逆流を防いでいる．

　心臓の左心室が収縮し動脈血が送り出されるたびに動脈壁に伝わる圧力の波が全身の動脈に広がり血管の拍動となる．これが脈拍である．脈拍数は普通心拍数と等しく1分間に平均70〜76回である．心臓から送り出される血液によって動脈の血管壁に生じる圧力が血圧である．心臓に近い動脈ほど血圧は高い．心臓は収縮と拡張を繰り返しているので，心室が最も強く収縮したときに

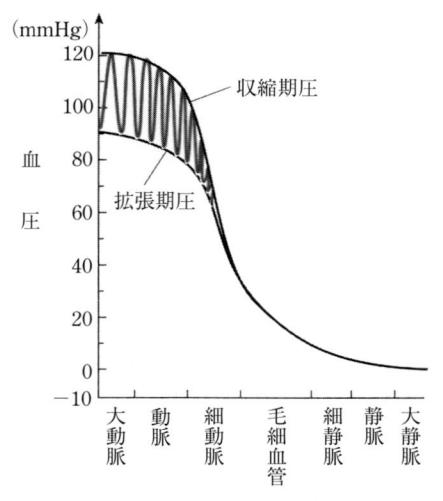

図 26.2 血管の各部位の血圧

収縮期血圧を，拡張したときに拡張期血圧を生じる．収縮期血圧は普通 110〜140 mmHg で，拡張期血圧は 70〜80 mmHg 程度である（図 26.2）．

心室が収縮すると，血液は弾力のある動脈に押し出され動脈壁はふくらむ．これがもとに戻ろうとする圧力は血液をより圧力の低い末梢の動脈へ押し流す．動脈ではこれを繰り返して血流を生じるが，末梢にいくほど血圧は低くなり，大静脈では血圧は 0 か時には陰圧になる．しかし，静脈弁が血液の逆流を防ぎ，運動や発熱で心拍数が増加したり，筋肉運動による静脈の圧搾作用などに助けられて静脈血は心臓へ戻る．

血　液

血液は粘度の高い流動性組織である．固形成分と液体成分からなり，固形成分は赤血球，白血球，血小板であり，液体成分は血漿といい，90％ が水で，アルブミン，グロブリン，フィブリノゲンなどの血漿タンパク質のほかに，種々の電解質や消化・吸収された栄養素，ホルモン，老廃物，酸素，二酸化炭素などを含んでいる．

血球は骨髄でつくられ，血漿タンパク質は肝臓でつくられる．血球は骨髄にある幹細胞から分化し，大きく分けて血液細胞に分化する骨髄系幹細胞とリンパ球に分化するリンパ球系幹細胞がある．ヒトの赤血球は核がないので分裂することができず，その寿命は 100〜120 日で，肝臓や脾臓で壊されて除かれる．腎臓や肝臓で産生され血液中に放出されるエリスロポエチンというホルモンが血中の酸素濃度や赤血球数を感知して骨髄に作用し，赤血球の産生を促進

する．幹細胞から成熟赤血球に分化するまでに5～7日かかる．白血球や血小板はコロニー刺激因子によって，さらに血小板はトロンボポエチンというホルモンによって刺激され産生される．

血液の止血作用は血小板と血漿の凝固因子による．血管の一分が損傷すると，その部位に血小板が集まって付着し，血栓（血小板プラグ）をつくる．この血小板はセロトニンを分泌し，血管を攣縮させる．同時に，トロンボプラスチンを放出し，他の凝固因子やカルシウムと共同し，プロトロンビンをトロンビンに変え，トロンビンはフィブリノゲンを不溶性のフィブリンに変える．フィブリンは細長い繊維状の分子で，集まって網目構造をつくり，赤血球を捕捉して凝固させ止血する．この間に，血管は損傷した部分の内皮細胞を再生して補修し，凝固した血球も取り除く．

血友病はX染色体にあるいくつかの劣性遺伝子に支配されたいくつかの凝固因子（抗血友病因子，トロンボプラスチンなど）の欠損によるものである．したがって，血友病はX染色体が1つしかない男性に起こりやすいが，まれにホモ接合の女性患者もある．血友病患者に出血が起こると，新鮮な血漿や凝固因子が必要で，輸血が必要になる．最近，輸血を介してウイルスが感染する肝炎やエイズ（AIDS）の危険性が憂慮されている．

リンパ系

リンパ系は血管とは別に，リンパ管，リンパ節その他のリンパ性器官や組織などとネットワークをつくり，免疫応答や異物の処理，除去を行ってからだを保護している（図26.3）．

心臓血管系の動脈から静脈へ移行する部分の毛細血管のところで液体（血清）の一部がもれる．これをリンパ（液）と呼び，これを回収して血液内に戻すはたらきをするのがリンパ管である．リンパ管は身体中に張りめぐらされ，盲管になっている末梢から心臓に向かって1方向にのみ流れ，しだいに太くなり，最終的には右リンパ本幹と太い胸管になり，心臓の近くで静脈に合流し心臓に注ぐ．リンパ管には赤血球などはないがリンパ球やマクロファージなどがあり，免疫反応や異物の除去にはたらいている．リンパ管には血管と違って心臓のようなポンプはなく，リンパ管壁の平滑筋が規則正しく収縮して，リンパの流れをつくり，大きいリンパ管には弁がついていて逆流を防いでいる．

リンパ節では免疫反応に関与するリンパ球が産生され，その分化に関与している（図26.4）．また，マクロファージが集まっていて細菌や腫瘍細胞などを除去する機能ももっている．リンパは輸入リンパ管からリンパ節に入り，輸出リンパ管から出る一方通行の流れをつくっている．

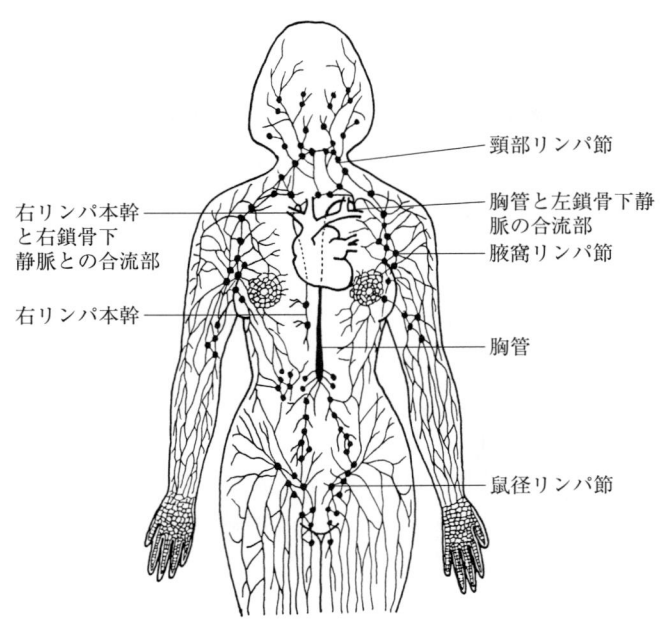

図 26.3 リンパ管とリンパ節の分布
右上半身のリンパは右リンパ本幹を経て右鎖骨下静脈に入り，他のリンパはすべて胸管を経て左鎖骨下静脈に入る．

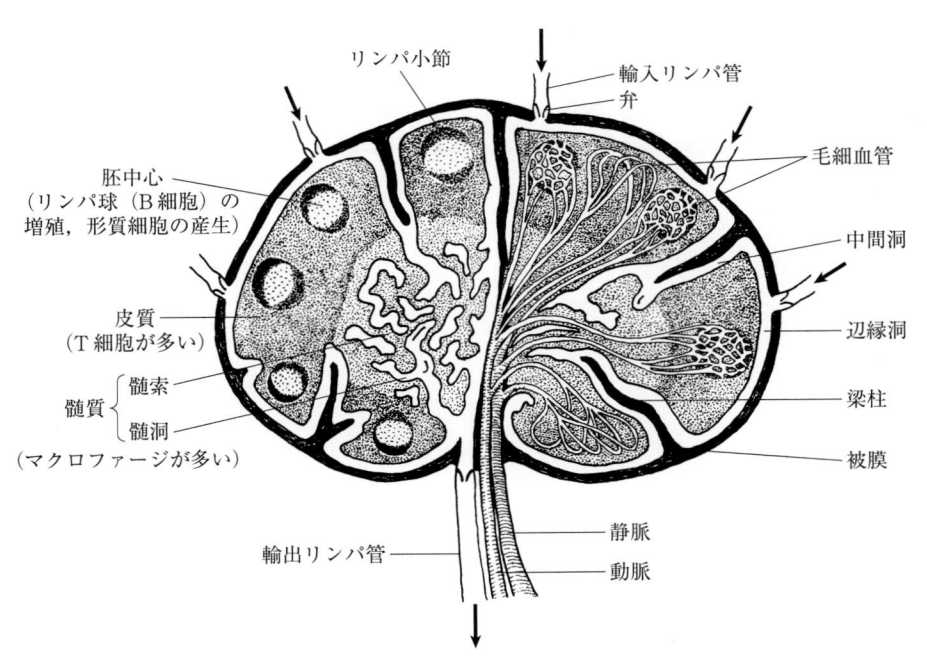

図 26.4 リンパ節の模式図（Bloom and Fawcett, 1975 より）
リンパの流れ：輸入リンパ管→辺縁洞→中間洞→髄洞→輸出リンパ管．逆流防止弁により1方向である．左側の血管は除いてある．

そのほか胸腺，扁桃，パイエル板などがリンパ性器官としてはたらき，異物や病原体の侵入を監視し防御している．

=Tea Time=

リンパ節（図26.4）

リンパ節は全身に分布するが，特に腋窩，頸部，鼠蹊部，腸間膜などに多く，数千に及ぶ細網細胞でつくられる網目に，リンパ球，マクロファージ，プラズマ細胞，白血球などがあり，細菌やウイルスなどの病原体や腫瘍細胞などを破壊し貪食して除去する機能をもっている．

リンパはリンパ管壁の平滑筋の収縮運動で流れ，最終的には心臓に入り，血流に合流するが，それまでにリンパ節を通り濾過される（病原体などがマクロファージによって破壊され除去され，全身に伝播するのを防ぐ）．リンパ節の周辺部を皮質といい，リンパ球（T細胞，B細胞），プラズマ細胞などが分化・増殖しており，中心部の髄質ではマクロファージが多く，細菌や腫瘍細胞を貪食する．これらの細胞はリンパ節を貯まり場にしているが，血管，リンパ管，リンパ節，体液などの間を移動しながら異物の侵入を監視している．しかし，捕捉した細菌やウイルスが多すぎると，リンパ節に激しい炎症を生じ，痛みを伴って腫大する．腫瘍細胞もリンパ節で増殖することがあり，リンパ節から全身に広がることもある．通常腫瘍の場合には痛みを伴わないから，リンパ節の腫大が感染によるのか腫瘍によるのかが識別できることがある．

第27講

排出器官：腎臓と膀胱

テーマ
◆ 腎臓と濾過と再吸収
◆ 尿意と排尿

いろいろな排出器官

　動物は生きるために栄養をとり，それを分解してエネルギーを合成している．栄養の分解物や残渣を排出して捨て，新しい栄養を取り入れる．そのために排出器官がある．動物の排出器官はさまざまである．一般に含窒素化合物，塩類，水などを排出し，体内の浸透圧の調節を行っている．

　無脊椎動物の排出器官としては，扁形動物や線形動物などの下等動物に見られるように，原腎管と呼ばれる管が体内に広がり，老廃物を管に集め排出孔を開いて体外に捨てるものがある．昆虫などではマルピーギ管と呼ばれ，細長い数多くの盲管が体腔内に広がり，中腸と後腸の間に集まって腸管に開き，ここから後腸を通って肛門から捨てている．その他，動物によって，体節器（環形

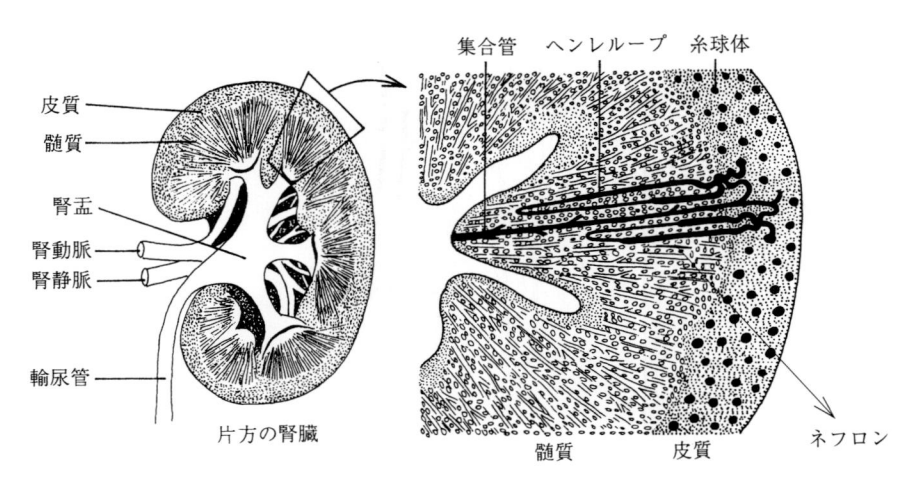

図 27.1　腎臓の構造

動物), 触角腺 (節足動物), ボヤヌス器 (軟体動物) などと呼ばれる排出器がある. いずれもからだに不要なものや有害物質を体外に捨てるための器官である.

脊椎動物では, 腎臓と尿管と膀胱が排出器官の主体で, 鳥類のように膀胱のないものもある. 腎臓は発生が進むにつれて分化して, 前腎, 中腎, 後腎と変化する. 円口類のメクラウナギ類は最初にできる前腎を排出器として終生もっている. 前腎が退化して中腎ができるものがある. 魚類と両生類の排出器が中腎である. 爬虫類以上になると, 中腎は退化して後腎がつくられ, これが腎臓で生涯の排出器として機能している (図 27.1).

腎臓の役割

排出機能をもつ最も重要な器官は腎臓で, 老廃物の排出だけでなく, 水と電解質の平衡, 酸と塩基の平衡など血液成分の調節を行うことで, からだ全体の恒常性を維持している. そのために摂取した物質の種類や量によって, 余分なものは尿として排出するから, 血液の成分を一定に保つために尿の成分はたえず変動する.

腎臓での尿の生成はおよそ 100 万個といわれるネフロン (腎単位) によって行われる. ネフロンは腎小体と尿細管を血管が取り巻く構造になっている (図 27.2). ここで生成される尿の量は, 気温, 湿度, 発汗量, 飲水量などによっ

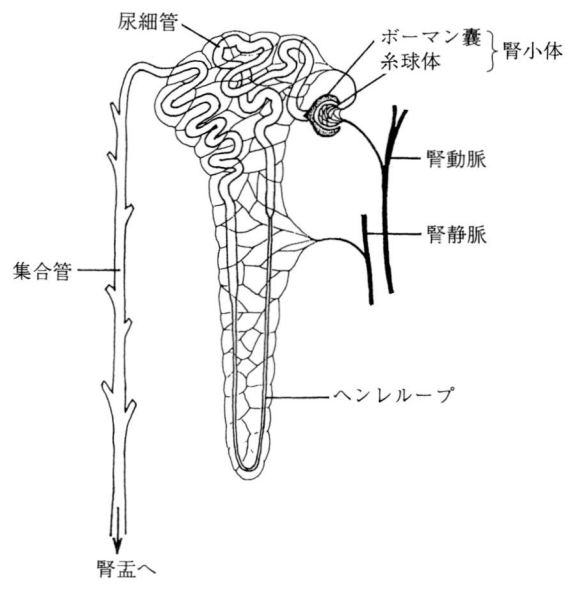

図 27.2 ネフロン (腎単位) の構造

て異なり，個人差があるが，平均して1日に約1200 ml（600～2500 ml）である．からだの血液が腎臓を通る間に血中の老廃物が除去されるが，1分間に1 lの血液が腎臓を通り，4～5分で全血液が腎臓を通る．その時，腎動脈によって運ばれてきた血液成分のうち血球や高分子のタンパク質などを除いたすべての低分子物質は腎小体で糸球体からボウマン嚢へ単純濾過された後，尿細管の選択的再吸収によって腎静脈に運ばれる．尿細管に再吸収されずに残ったものはヘンレのループを経て集合管に集まり，腎盂を経て尿管から膀胱にためられる．膀胱からは随意的に尿道を通って排出される．

血液成分の調節と尿の生成

腎臓はネフロンの集まりである．血液成分ははじめ単純濾過により，一度はネフロンのボウマン嚢へ集められるが，やがて尿細管を流れるうちに選択的再吸収が起きて尿が形成される．その結果，血液と尿の成分は著しく異なることになる．

単純濾過によって尿細管へ移る量は1 lの血液のうち120 ml（1分間）である．これが全部尿になるとすれば，1日の量に換算すると大変な量の尿になるが，尿細管の再吸収によって尿量は1日に1200 ml程度に減少する．水は浸透圧の差によって移動するが，他の物質の再吸収は尿細管細胞の能動輸送による．これはきわめて選択的で受容体の有無に依存し，グルコースやアミノ酸は正常ならば完全に再吸収されて血液に戻るが，尿素などの窒素化合物はほとんど再吸収されずに尿として捨てられる．電解質は血液のpHや必要な電解質組成を保つように調節的に再吸収され，残りは尿中に捨てられる．

グルコースの最大再吸収量は1分間に350 mg（男子375 mg，女子300 mg）である．正常な場合には100 mlの血中に100 mgのグルコースが含まれるが，この程度のグルコースは尿細管を通るあいだにすべて再吸収される．しかし，インスリン不足による糖尿病の場合には，血液中のグルコースが増加し（高血糖），さらに腎臓の最大再吸収量は逆に減少してしまうので，再吸収されなかった糖が尿中に出てくる（糖尿）．

水や電解質は血液の浸透圧に依存して再吸収される．血液の含水量が高いときは水は再吸収されずに薄い尿として捨てられ，血液の含水量が低くて浸透圧が高いときは，無機イオンを多量に含む少量の濃い尿が排出される．この血液の浸透圧の変化は視床下部で感知され，血液が濃くなると，視床下部が脳下垂体を刺激し，脳下垂体は抗利尿ホルモンであるバソプレシンを分泌する．このホルモンによって尿細管からの水の再吸収が盛んになり，排出される尿量は減少する．血液の濃度が薄くなったときは抗利尿ホルモンの分泌が抑えられ，水

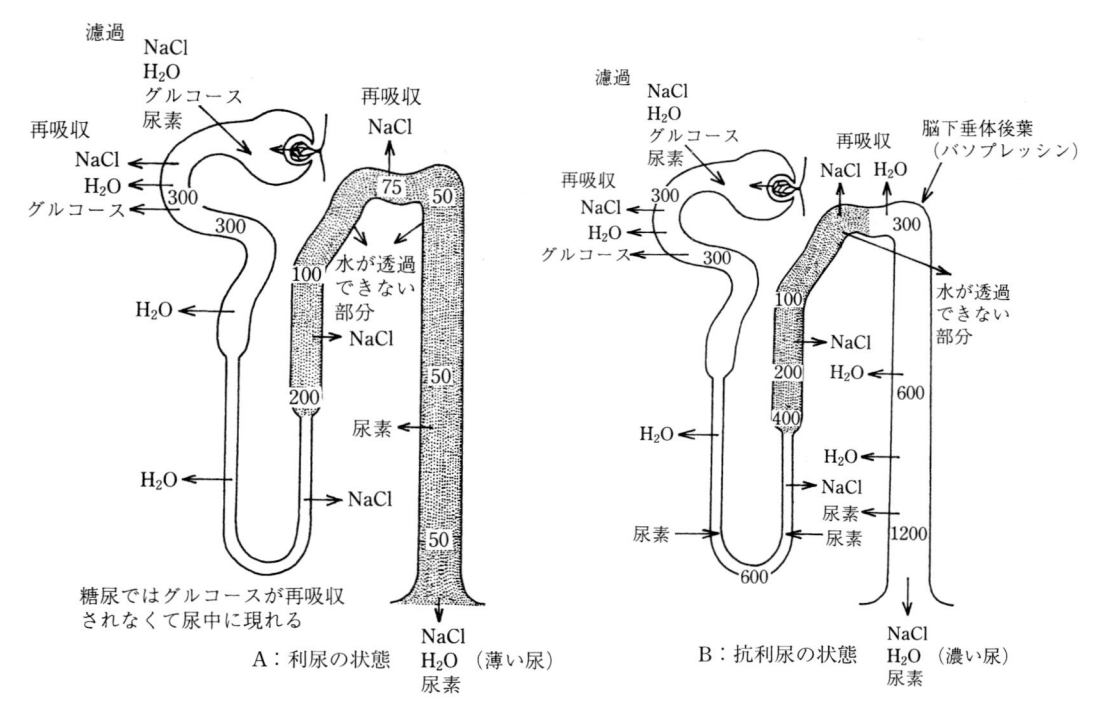

図 27.3 塩分，水の再吸収の変化（数字は浸透圧；mOsm/l）

は再吸収されず尿量が増える（図 27.3）．

　血液の pH 調節も腎臓の重要なはたらきである．血液の pH は 7.4 前後の弱アルカリの狭い範囲に維持されなければならない．これを酸塩基平衡という．動脈血が pH7.45 以上になると，アルカローシスといい，7.35 以下になるとアシドーシスという．したがって，血液の pH 調節のために肺は炭酸として存在する酸を減らすため，二酸化炭素を呼気として体外へ捨てているが，大部分の酸や塩基は腎臓の再吸収で調節されている．その結果，血液の pH は 7.4 に保たれるが，尿の pH は 5.4 から 8.0 の間を大きく変動する．

　糖からできる乳酸，タンパク質に含まれる硫酸，あるいはリン酸などは血液を酸性にする．これらの pH 調節に最も有効な緩衝系は重炭酸イオン（HCO_3^-）である．血液が酸性（H イオン過剰）になれば，尿細管細胞は炭酸（H_2CO_3）やリン酸（H_3PO_4）を排出し，かわりに Na^+ を再吸収して塩基性に修正し，アルカリになれば Na^+ を $NaHCO_3$ の形で排出して H イオンを取り込む．

　（酸性）　　$HCl + NaHCO_3 \rightarrow H_2CO_3 + NaCl$　（酸の排出）

　（塩基性）　$NaOH + H_2CO_3 \rightarrow NaHCO_3 + H_2O$　（Na^+ の排出）

膀胱と尿道

　膀胱は平滑筋でできた伸縮性を富む袋で，恥骨結合（図29.1, 図29.3）のすぐ後ろの骨盤腔内にある．この袋には左右2本の尿管からの入口と尿道へ出る1つの尿の出口がある．特に，尿道への尿の出口には内尿道括約筋があり，尿道をふさいでいる不随意の括約筋で，尿が通らない時に膀胱の蓋になり，尿もれを防いでいる（図17.2）．

　膀胱は3層の平滑筋でできており，排尿筋と呼ばれるが，膀胱や尿管の内側の粘膜は移行上皮といい，尿を貯蔵するために大きくなったり小さくなったりすることができる．移行上皮は重層扁平上皮で，尿がたまって膀胱がふくらんだ時に単に薄くなって細胞が扁平になるだけでなく，細胞が細胞と細胞の間に入り込んで（再配列），層の厚さが減る（3層が2層，1層になるように）ことによって膀胱はふくらみ，平滑筋は伸びて，移行上皮は薄くなって，膀胱壁の厚さが減少して尿をためる．個人差はあるが約800 ml の尿をためることができる．

　女性の尿道は約3 cmで，膀胱と尿道の接合部は尿道の入口で，平滑筋でできた内尿道括約筋という不随意筋である．骨盤を通りすぎるところに骨格筋でできた随意的に調節できる外尿道括約筋があり，膣前庭に開口部がある．

　男性の尿道の入口は女性と同様に不随意的な内尿道括約筋（平滑筋）があり，随意的な外尿道括約筋との間に前立腺が尿道を取り巻いている．その先に海綿体部があり，尿道の全長は約20 cmになる．男性の尿道は尿の通路であり，精液の通路でもある．精巣から続く精管は前立腺部の尿道に開いている．

═══════════════ Tea Time ═══════════════

排尿，排尿困難

　膀胱ははじめ200 ml くらいの尿をためるが，この頃膀胱壁が伸張し，受容器を刺激する．この刺激は仙髄（脊髄の末端部）に伝わり，反射的に膀胱は収縮する（排尿反射）．この時たまった尿は膀胱の収縮圧によって内尿道括約筋を通過して尿道上部に達する．尿の尿道への流入によって尿意を感じるが，そこにある外尿道括約筋は随意筋の骨格筋であるから，意志の力で尿道を閉じたまま排尿を我慢することができる．排尿しないと膀胱の反射的収縮は一時的に停止するが，さらに尿が200〜300 ml たまると，再び排尿反射（膀胱壁収縮）が起きる．尿が500〜800 ml 以上たまると排尿を阻止することはできない．

　排尿障害に尿失禁や排尿困難などがある．尿失禁は外尿道括約筋を随意的に

制御できないときに起こるもので，幼児には普通にみられる現象である．成人では通常，情緒的障害や神経系の損傷があるとき起こり，咳，くしゃみ，階段の昇降，起立時などに起こることがある．逆に尿意があっても排尿できない尿閉や排尿困難は通常高齢者に起こることが多く，特に男性では前立腺肥大によって尿道が狭くなるために起こる．尿道炎や膀胱結石の際に痛みを伴って起こる場合もある．

第28講

内分泌器官：ホルモンと神経分泌

テーマ
- ◆ ホルモンとは何か
- ◆ ホルモンの標的器官は？
- ◆ 負のフィードバック機構

内 分 泌 腺

　からだの機能を調節する（ホメオスタシス）重要な物質にホルモンがある．ホルモンを分泌する腺を内分泌腺という．と簡単に定義できそうであるが，これではホルモンとは何か，腺とは何かを理解しないと，内分泌腺の意味がわからない．分泌能力をもつ上皮細胞が囲むように集まって腔所をつくり，そこに分泌物を一時的に貯蔵する細胞集団を腺という．だから，内分泌腺は消化酵素を分泌する外分泌腺のような導管をもっていない．分泌物は血流によって運ばれ標的器官（下記）の作用を調節する．この分泌物がホルモンである．

　したがって，ホルモンは血流によって運ばれるから，からだ全体にいきわたるが，どんな組織・器官にも影響を与えるわけではない．各ホルモンに対して特定の受容体をもっている細胞だけが特定のホルモンと結合することによって感受性を発揮する．このような特定のホルモン受容体をもつ器官を標的器官という．

　脊椎動物のホルモンにはペプチド系，アミノ酸誘導体系，ステロイド系とがあり，ステロイドのように細胞膜を容易に通過するものとペプチドのように通過できないものがある（表28.1）．したがって受容体は細胞内（細胞質）に溶けて存在するものと細胞表面の細胞膜にあるものとがある．細胞質内受容体はホルモンと複合体をつくって，それが遺伝子DNAの受容体認識部位と結合することによって，遺伝子の発現を誘起する（図12.2）．ペプチドホルモンのように細胞内に入れないものは細胞膜の受容体と結合して，たとえば，細胞膜のアデニル酸シクラーゼという酵素を活性化し，cAMP（環状AMP）などのセカンドメッセンジャーの濃度を高め，細胞内情報伝達経路によって，遺伝子の

表 28.1 哺乳類の主な内分泌器官とそれが分泌するホルモン

視床下部		
甲状腺刺激ホルモン放出ホルモン	トリペプチド	脳下垂体の甲状腺刺激ホルモン分泌を促進
ゴナドトロピン放出ホルモン	ポリペプチド	脳下垂体のゴナドトロピン(LHとFSH)の分泌促進
ソマトスタチン	ポリペプチド	脳下垂体の成長ホルモンの分泌抑制
ドーパミン	アミノ酸誘導体	脳下垂体のプロラクチンの分泌抑制
副腎皮質刺激ホルモン放出ホルモン	ポリペプチド	脳下垂体の副腎皮質刺激ホルモンの分泌促進
成長ホルモン放出ホルモン	ポリペプチド	脳下垂体の成長ホルモン分泌促進
オキシトシン，バソプレシン	下記	
脳下垂体(前葉)		
成長ホルモン	タンパク質	全身の細胞にはたらき成長促進
プロラクチン	タンパク質	乳腺の発達，乳汁分泌，黄体刺激
甲状腺刺激ホルモン	糖タンパク質	甲状腺ホルモンの分泌促進
生殖腺刺激ホルモン(ゴナドトロピン)	糖タンパク質	雌の卵巣の成熟，雌性ホルモン分泌
(卵胞刺激ホルモンと黄体形成ホルモン)		雄の精子形成，雄性ホルモン分泌
副腎皮質刺激ホルモン	ポリペプチド	副腎皮質の機能促進
脂肪動員ホルモン	ポリペプチド	脂肪体の脂肪分解促進
脳下垂体(中葉)		
黒色素胞刺激ホルモン	ポリペプチド	黒色素胞のメラニン顆粒の拡散
黒色素胞凝集ホルモン	ポリペプチド	黒色素胞のメラニン凝集
脳下垂体(後葉)		
バソプレシン(抗利尿ホルモン)	ポリペプチド	腎臓の水の再吸収促進
オキシトシン(子宮収縮ホルモン)	ポリペプチド	分娩時の子宮収縮，乳汁分泌の促進
甲状腺		
チロキシン	アミノ酸誘導体	代謝促進，変態促進
トリヨードチロニン	アミノ酸誘導体	代謝促進，変態促進
カルシトニン	ポリペプチド	血中カルシウム濃度の低下
副甲状腺		
副甲状腺ホルモン	ポリペプチド	血中カルシウム濃度の上昇
膵臓(ランゲルハンス島)		
インスリン	ポリペプチド	肝臓のグリコーゲン合成，血糖値低下
グルカゴン	ポリペプチド	肝臓のグリコーゲン分解，血糖値上昇
副腎(髄質)		
エピネフリン	アミノ酸誘導体	肝臓のグリコーゲン分解，血糖値上昇
副腎(皮質)		
グルココルチコイド	ステロイド	肝臓の糖新生，グリコーゲンの貯蔵，血糖値上昇，抗炎症作用
ミネラルコルチコイド	ステロイド	腎臓のナトリウム再吸収，カリウム排出促進，腸のナトリウム吸収促進
精巣		
雄性ホルモン(アンドロゲン)	ステロイド	雄の生殖腺の発達，筋肉・骨の発達
インヒビン	ポリペプチド	脳下垂体の卵胞刺激ホルモン分泌抑制
卵巣		
発情ホルモン(エストロゲン)	ステロイド	雌の生殖器官の発達，雌の二次性徴の発達
黄体ホルモン(プロゲステロン)	ステロイド	受精卵の着床，妊娠の維持
消化管		
ガストリン(胃から)	ポリペプチド	胃液の分泌促進
セクレチン(十二指腸から)	ポリペプチド	膵液の分泌促進
コレシストキニン-パンクレオチミン(小腸から)	ポリペプチド	膵液，胆汁の分泌促進
胃液分泌抑制ペプチド(十二指腸から)	ポリペプチド	胃酸・ペプシン分泌抑制
血管作用性腸ペプチド(十二指腸から)	ポリペプチド	血圧降下作用，胃酸分泌抑制
モチリン(十二指腸から)	ポリペプチド	胃の運動刺激
ニューロテンシン(回腸から)	ポリペプチド	胃の運動抑制
ソマトスタチン(腸神経から)	ポリペプチド	消化管ホルモンの分泌抑制
腎臓		
レニン	タンパク質	ミネラルコルチコイドの分泌促進
エリスロポエチン	糖タンパク質	骨髄の赤血球産生を促進
1,25-ジヒドロキシビタミン D_3	コレカルシフェロール	カルシウムの血中レベル保持
胸腺		
サイモシン	タンパク質	Tリンパ球の分化誘導
松果腺		
メラトニン	アミノ酸誘導体	視床下部のゴナドトロピン放出ホルモンの分泌抑制，光周期情報の伝達

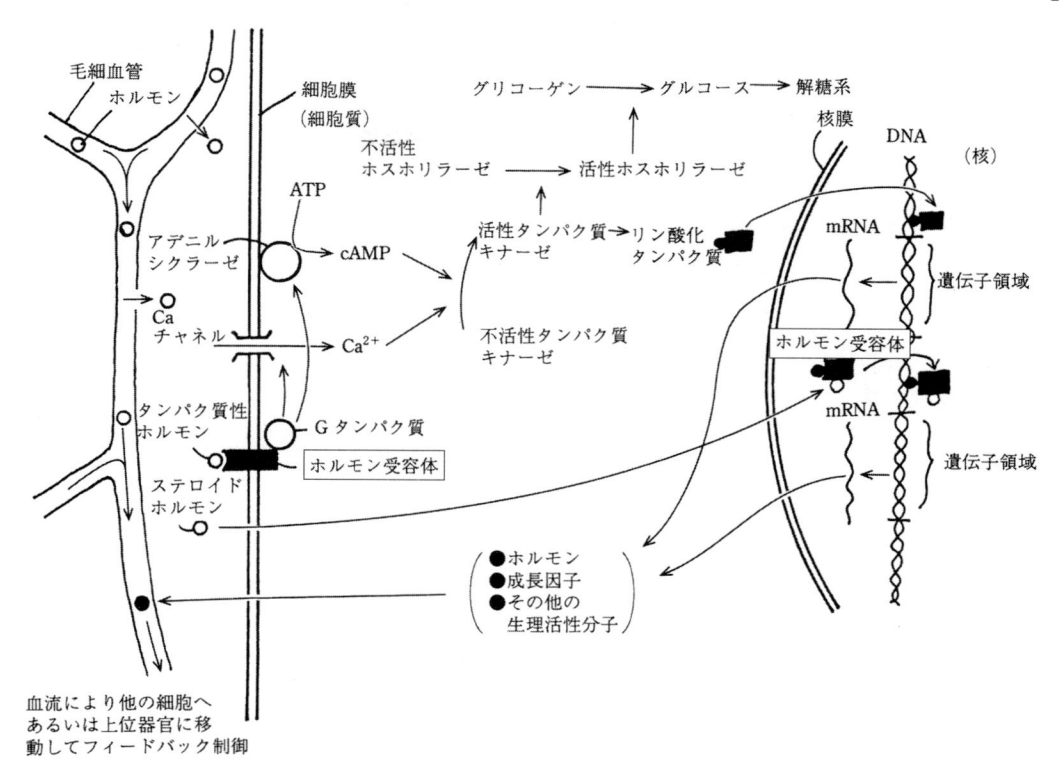

図 28.1　ホルモンの作用経路

発現を調節する場合などが知られている（図 28.1）．

　このような血流によって全身に運ばれる内分泌腺のほかに，ホルモンを分泌した細胞から拡散によって近傍の標的細胞に達して作用する傍分泌や神経として機能する細胞がホルモンを分泌する神経分泌なども内分泌腺に含まれるようになった．

　傍分泌の例には脊椎動物や昆虫の消化管などの分泌腺がある．胃が分泌するガストリンは周囲の胃腺にはたらいて胃酸の分泌を促進するし，膵臓のソマトスタチンは拡散によって同じ膵臓のグルカゴンやインスリンの放出を抑制する．

神経分泌

　神経分泌の典型的な例には，甲殻類のX器官-サイナス腺系，昆虫類の脳間部-側心体-アラタ体系，魚類の尾部神経分泌系，哺乳類の視床下部-下垂体神経分泌系などがある．

　多くの無脊椎動物の脳ホルモンや脊椎動物の中枢から出るホルモンには神経分泌ホルモンが多い（表 28.2）．代表的な甲殻類のサイナス腺を例に見ると，

サイナス腺は眼柄の中にあり，同様に眼柄にあるX器官や頭部にある脳から神経がサイナス腺に分布し，神経によって運ばれた神経分泌物（ホルモン）がサイナス腺に蓄えられ，必要に応じて血液中に放出される．このホルモンは眼柄ホルモンあるいはサイナス腺ホルモンと呼ばれ，いろいろなホルモンを含んでいる．脳で生産される体色を変化させるホルモン，X器官で生産される脱皮抑制ホルモン，卵巣成熟抑制ホルモン，血糖量調節ホルモン，浸透圧調節ホルモン，Y器官の分泌抑制ホルモンなどが知られている．

魚類の尾部神経分泌系は魚類の脊髄の末端付近に分布する神経分泌細胞の軸索が伸びて集まって尾部でふくらみを形成している．これを尾部下垂体という．この神経の細胞体で生産された分泌物が軸索を伝わって血管に接する軸索末端に蓄えられ，必要に応じて血中に放出される．このホルモンには2種類のペプチドホルモンが知られ，ウロテンシンI，IIと呼ばれ，血圧上昇作用や鰓や腎臓にはたらき水や電解質の代謝に関与する．

脊椎動物の視床下部-下垂体神経分泌系は脳の大脳皮質などからの情報（神経分泌）を受け，視床下部から神経細胞の軸索が脳下垂体へ伸びている神経分泌細胞によって脳下垂体へ情報を送り，脳下垂体のホルモン分泌を調節する中枢である．2つの経路があり，視床下部-下垂体神経葉系（後葉）と視床下部-正中隆起系（前葉）である（図28.2）．

前者は視床下部の神経分泌細胞の細胞体で生産されたオキシトシンとバソプレシンが軸索によって脳下垂体の神経葉に送られ，神経葉（後葉）から分泌される．

後者は神経分泌細胞の細胞体は視床下部にあり視床下部ホルモンと総称されるホルモンを合成し，その軸索が正中隆起（下垂体前葉）に達し，脳下垂体ホルモンの分泌を調節している．視床下部ホルモンはすべてペプチドホルモンで，甲状腺刺激ホルモン放出ホルモン（TRH），黄体形成ホルモン放出ホルモン（LHRH），副腎皮質ホルモン放出ホルモン（CRH），ソマトスタチン（GIH），黒色素胞刺激ホルモン抑制ホルモン（MIH），プロラクチン抑制ホルモン（PIH）などがあり，脳下垂体前葉の分泌を調節している（表28.1）．

ホルモンの作用

主要なホルモンとその作用などは表28.1，表28.2にまとめておくので，必要に応じて，このページを広げて調べるとよい．ホルモンを1つ1つ覚える必要はないと思われる．しかし，どんな動物にどんな種類のホルモンがあって，どこから分泌されてどんな細胞・組織・器官にはたらいてどんな作用をするのかという概念だけでも頭の中にしまっておいて必要に応じて引き出して参考に

表 28.2 無脊椎動物のホルモン

門	動物種	ホルモン生産部位	ホルモンの種類	作用
腔腸動物	ヒドラ	口丘と触手の基部にある神経分泌細胞	神経分泌ホルモン	再生・成長の促進，生殖細胞の分化の抑制
扁形動物	プラナリア	脳の神経分泌細胞	神経分泌ホルモン	再生の促進，生殖腺の調節
紐形動物	ヒモムシ	脳の神経分泌細胞	神経分泌ホルモン	浸透圧の調節，生殖腺の抑制
袋形動物	線虫類	周口神経環の側神経節の神経分泌細胞	神経分泌ホルモン	脱皮促進
軟体動物	腹虫類			
	前鰓類の数種（雌雄同体）	神経節の神経分泌細胞	神経分泌ホルモン	雌性期に雄性構造の退化 雄性期に精巣発達，卵巣抑制
	アメフラシ	腹部神経節の分泌細胞	神経分泌ホルモン	産卵誘起
		嗅覚突起部の分泌細胞	神経分泌ホルモン	生殖腺の発達抑制
		両性腺	腺ホルモン	性ステロイドホルモンの分泌
	ナメクジ	視触覚の神経分泌細胞	神経分泌ホルモン	生殖腺の発達抑制の調節
		脳の神経分泌細胞	神経分泌ホルモン	卵形成促進
	モノアラガイ	背側体の神経分泌細胞	神経分泌ホルモン	卵黄形成促進，生殖輸管の発達
		体側神経節と中央神経節の神経分泌細胞	神経分泌ホルモン	浸透圧調節（抗利尿）
	斧足類 イガイ	脳・側神経節と内臓神経節の分泌細胞	神経分泌ホルモン	生殖腺の発達と産卵
	頭足類 タコ・イカ	視柄腺（眼腺）	腺ホルモン	生殖腺の発達
環形動物	貧毛類 シマミミズ	脳の神経分泌細胞	神経分泌ホルモン	体の成長・再生の促進，血糖の上昇
	ヒメミミズ	脳の神経分泌細胞	神経分泌ホルモン	体後部の再生の促進
		食道下神経節の分泌細胞	神経分泌ホルモン	浸透圧調節
	多毛類 ゴカイ	脳の神経分泌細胞	神経分泌ホルモン	雄の精子形成の抑制 雌の卵形成の促進 成長・再生の促進
節足動物	甲殻類	脳，サイナス腺，X器官，胸部神経節，後脳交連	神経分泌ホルモン	色素胞の拡散凝集 脱皮抑制，水分・血糖の調節，造雄腺の抑制
		囲心器官	神経分泌ホルモン	心拍促進
		Y器官	腺ホルモン	エクジソン分泌，脱皮誘発
		造雄腺	腺ホルモン	ペプチドホルモンで雌を雄に転換
	昆虫類	脳の神経分泌細胞	神経分泌ホルモン	前胸腺刺激ホルモン，羽化ホルモン，体色黒化ホルモン，バージコンの分泌
		食道下神経節	神経分泌ホルモン	休眠ホルモンの分泌
		アラタ体	腺ホルモン	幼若ホルモンの分泌
		前胸腺	腺ホルモン	エクジソン（脱皮ホルモン）の分泌
		側心体	神経分泌ホルモン	脳からの神経分泌ホルモンの分泌，脂質動員ホルモンの分泌
棘皮動物	ヒトデ類	放射神経の支持細胞	神経分泌ホルモン	生殖腺の刺激，ペプチドホルモン（GSS）
		卵巣の濾胞細胞	腺ホルモン	卵形成促進，放卵，1-メチルアデニン
		精巣の間細胞	腺ホルモン	放精，1-メチルアデニン

(比較内分泌学序説，p.11～15，1976年 日本比較内分泌学会編 学会出版センター による)

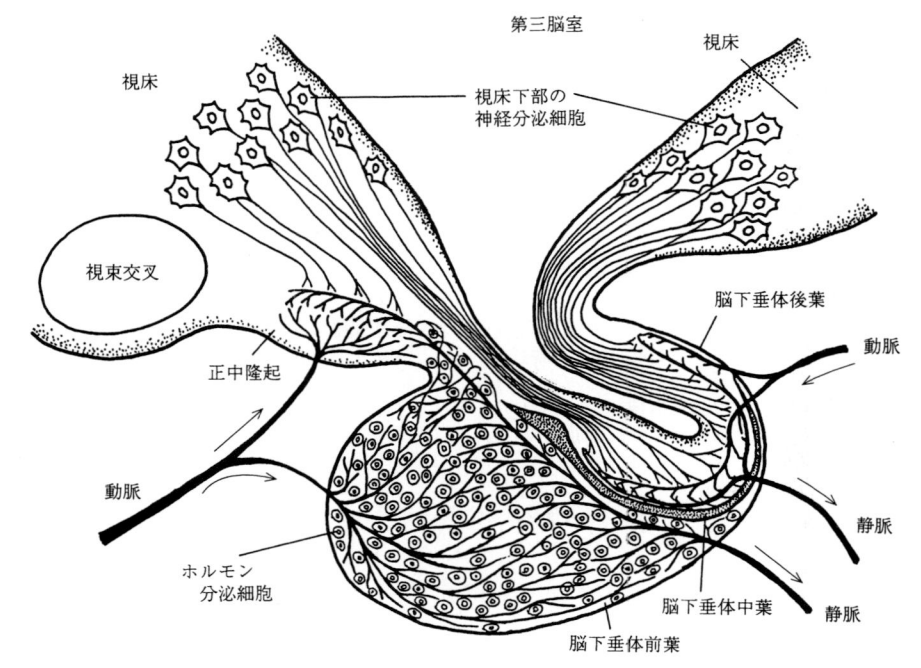

図 28.2　視床下部-脳下垂体系

するのは便利だろうと思われる．

ホルモンの作用機構

　ほとんどのホルモンの分泌調節（血中濃度調節）はフィードバック機構によって調節されている．たとえば，女性の排卵の誘起の場合には，脳下垂体から生殖腺刺激ホルモン（FSH と LH）が分泌されると，卵胞が刺激されてエストロゲンとプロゲステロンが分泌されるが，卵胞のエストロゲン分泌は脳下垂体の LH（黄体形成ホルモン）分泌をさらに促進する．この結果生じる LH の急激な増大に反応して排卵が起こる．これが正のフィードバック機構である．しかし，多くのホルモン分泌は負のフィードバック機構によって抑制されている．

　ある刺激によって標的器官のホルモン分泌が促進された場合，ホルモン量が増加して一定以上になると，この刺激が抑制され，ホルモン分泌も減少するが，一定量以下に減ると再び刺激が強まり分泌が促進されるという仕組みによって，ホルモンの分泌周期や血中濃度が一定レベルに維持されている．ホルモンが減少すると刺激が増大し，それによってホルモンが増加すると刺激が減少する負のフィードバックが調節機構としてはたらく．

　このような分泌調節機構はホルモンの種類とその標的器官の受容体との相互

作用によって量的調和をはかり，生命活動の恒常性を保つのに役立っている．

================= Tea Time =================

性はホルモンが決める

　ヒトが男か女かという性は基本的には遺伝子によって決定される．染色体に性染色体と常染色体があり，46本のうち2本が形の違いもあり性染色体として男性がXY，女性がXXで，Yがあれば男性，なければ女性と考えられていた．ところが，まれにXXの男性，XYの女性の場合が見いだされ，染色体とDNAの研究が進められた．

　その結果，性決定遺伝子が発見され，Y染色体の短腕に性決定遺伝子がつきとめられ，SRYと命名された．基本的にはこのSRY遺伝子があれば男性になり，なければ女性になる．しかし，男性の精子形成の際の減数分裂で，まれに染色体不分離の現象が起きることがある．そのために，Y染色体上のDNAの一部でSRY遺伝子の部分がY染色体から離れてX染色体にくっついてしまう場合がある．そのために，SRYが欠けたY染色体やSRY断片がくっついたX染色体ができる．SRYが欠けたY染色体をもつヒトは染色体がXYでも女性になってしまう．逆にSRYのDNAがくっついたX染色体をもつヒトは染色体がXXでも男性になってしまう．

　これが性決定の基本であるが，これは胎児が母体の中で育っていく間に決まってしまう．母体の中にいる胎児がXYかXXかによって，生まれる子の性が決まる．ところがSRYは性決定遺伝子と呼んでいるが，実は精巣（睾丸）決定遺伝子というほうが正確である．ネズミやウサギを使った実験であるが（ヒトでは実験が許されない），SRY遺伝子があると雄になり，ないと雌になる．胎児をとりだして雄になる予定の胎児の精巣を除去すると，染色体はXYでも雌になり，染色体がXXの雌の胎児に精巣を移植すると雄になるのである．つまり，SRY遺伝子は精巣をつくるだけの遺伝子で，精巣を除去し男性ホルモンが分泌されなければ，遺伝的にSRYをもっていても雌になる．逆に男性ホルモンさえ分泌すればあるいは注入すれば，SRYはなくても雄になるのである．

　これは胎児の精巣形成時のごく初期の胎児の時期に起こる現象である．ここで明らかなのは性を決定するのは遺伝子ではなくむしろ実質的にはホルモンであるということである．最近問題になっている病気で性同一性障害がある．本来同一であるべき身体と心の性が一致しない場合である．YがなくSRYがなく遺伝子的には女性であっても胎児の初期に脳が強く男性ホルモンの影響を受けると，身体は女性であっても脳が発する感情や思考・意志が男性的という場合がある．逆に遺伝子的には男性でも脳が男性ホルモンの影響を受けなかった

胎児は，成長の後感情や意志が女性的になる場合がある．

　ホルモンが正常な生命にとっていかに大切かがわかる．SRY遺伝子があり精巣があり男性ホルモンを分泌するのに，それを受容する受容体を欠くために，二次性徴などが女性となる睾丸性女性化症という病気がある．これは男性ホルモンを受容する受容体タンパク質をつくる *Tfm* という遺伝子の欠損（通常はX染色体にある）による．睾丸をもち男性ホルモンを生産しても，それを感受できないために女性化してしまう．

第29講

生殖器官：卵巣と精巣

―― テーマ ――
- ◆ 生殖器官には何があるか
- ◆ 雌雄の差はどうしてできるか
- ◆ 生殖とホルモンの関係

生 殖 器 官

　生物は生命を次世代に継ぐために生殖を行う．生殖は自己と同じ種類の新しい個体をつくり，次世代に個体を残すことで，子孫の存続に不可欠である．生殖には無性生殖と有性生殖とがあり，この両方の生殖法を行う生物があり，通常無性生殖を行い，環境の悪化や栄養素の不足など生息条件が悪くなった時に有性生殖を行う．

　有性生殖を行うための器官を生殖器官というが，雌雄異体の場合には，配偶子形成のための卵巣・精巣（睾丸）があり，その配偶子移送のための輸卵管・輸精管があり，さらに子宮や膣，陰茎などが分化し，雌雄で形態や機能が違う．

　原生動物のように，雌雄の区別がはっきりしないゾウリムシでも体表の繊毛を接することで，種類と性別（有性生殖が可能な個体か否か）を認識して接合している．しかし，形態的な差はわかっていない．海綿動物や腔腸動物の有性生殖では同一個体内で卵や精子をつくる，つまり雌雄同体のものと雌雄異体のものがあるが，からだの特定の位置に卵巣・精巣の両方があるものと，繁殖時期に卵巣か精巣のどちらかをつくるものがある．

　生殖器官が発達しているのは脊椎動物で，通常左右1対であるが，鳥類では右側の卵巣が退化し，卵巣は左側にしかない．輸卵管も左側に1本しかない．最も生殖器官が発達しているのは胎生の哺乳類で，ここではヒトの生殖器官に注目することにする．

　ヒトの男性の生殖器官には精巣（睾丸），精巣上体（副睾丸），輸精管（精管），尿道などと付属生殖腺として精嚢，前立腺，カウパー腺（尿道球腺）が

ある．外性器として陰嚢と陰茎がある．女性の生殖器官には卵巣，輸卵管（卵管），子宮，膣があり，外部にあるものを女性外性器という．外性器には恥丘，大陰唇，小陰唇，外尿道口，膣口，陰核，膣前庭，大前庭腺（バルトリン腺），会陰がある．

男性生殖器官

精巣（睾丸）は精子をつくり，テストステロンなどの男性ホルモンを分泌するところである．これらの詳細は発生の巻で詳しく述べられるが，テストステロンがないと精子はできないし，男性らしい二次性徴も現れない．精子形成は体温より約3℃低い環境でないと活発に形成されないので，発生の過程で精巣は体外に下降し，精巣上体（副睾丸）などとともに陰嚢に収まっている（図29.1）．

精巣は生殖細胞を含む精細管の集まりで，精細管の間隙を埋めるライディッヒ細胞と精細管内のセルトリ細胞から分泌されるテストステロンに刺激されて，セルトリ細胞に囲まれた丸い生殖細胞が細長い運動性のある精子に成長する．この精子はまだ未成熟で，蛇行した精巣上体に移行して約20日をかけて移動し，この間に完全に運動性や反応性を獲得し成熟する（図29.2）．

男性が性的に刺激されると，精巣上体の壁は収縮して精子は輸精管に放出される．輸精管の末端には精嚢と前立腺の管が開口しており，両者から出る精液と混ざって保護された精子が射出される．精嚢の液にはフルクトース，ビタミ

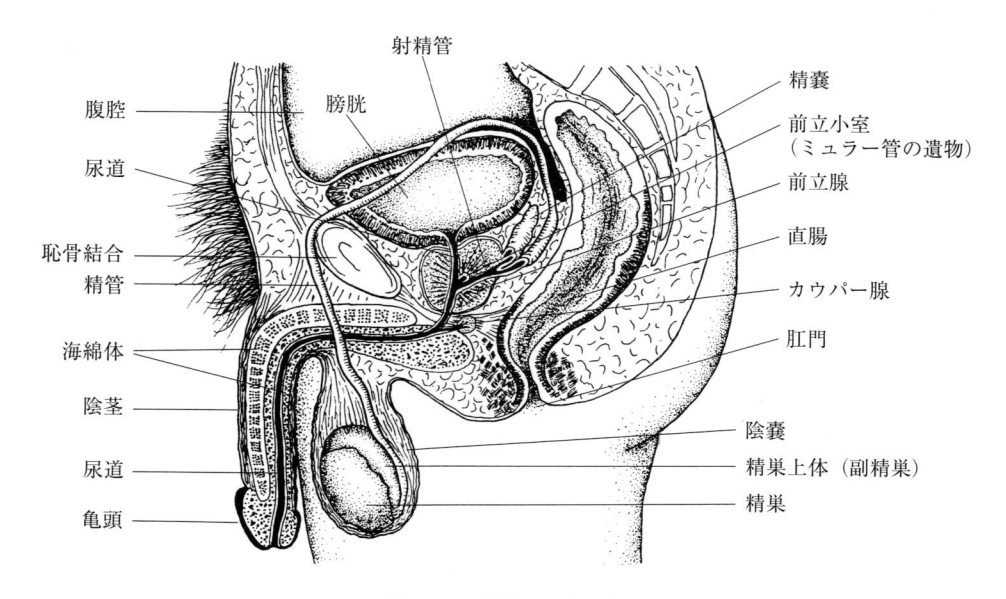

図 29.1 男性の生殖器官

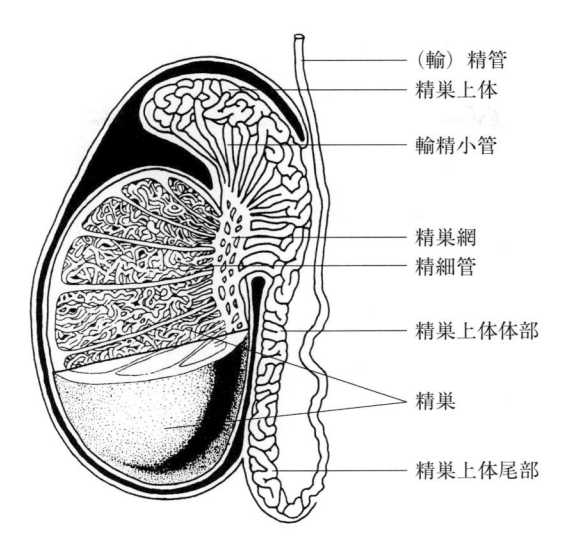

図 29.2 ヒトの精巣と精巣上体（副精巣）

ンC，プロスタグランジンなどが含まれ，前立腺の分泌液はアルカリで精液をpH 7.2～7.6に保ち女性膣内の酸性環境（pH 3～4）を中和するのに役立っている．精囊の分泌液は輸精管に合流し精子と混ざるが，ここから以後の輸精管は射精管と呼ばれている．さらに前立腺の分泌液も合流し，射精管（尿道）に入る．

尿道は射精管と共通であるが，射精時には膀胱の不随意的な内尿道括約筋が収縮し，尿は尿道に流出しないし，精液が膀胱に入ることもない．つまり，尿と精子が一緒に尿道を通ることはない（図 17.2）．

前立腺の近くには小さいカウパー腺があり，ここから分泌される透明な液は，性的に興奮したとき精液よりも前に尿道を通過し，酸性の尿を除去し，性交時の潤滑剤として機能する．

女性生殖器官

骨盤内で，膀胱と直腸の間に子宮がある（図 29.3）．子宮は子宮広間膜によって骨盤内につり下げられ，前方の子宮円索と後方の仙骨子宮靱帯という太い靱帯で固定されている．子宮の前方（上方，子宮底部）からは左右に輸卵管（卵管）が伸び，後方（下方，子宮頸部）は膣に連絡している．子宮壁は3層で最内層を子宮内膜といい，受精卵が着床するところであり，妊娠しなければ，女性ホルモンであるエストロゲンとプロゲステロンの血中濃度変化に対応して通常28日の周期で脱落（月経）する（図 29.4）．

子宮の上部から伸びる左右の卵管は10 cm程度の長さで子宮広間膜に固定

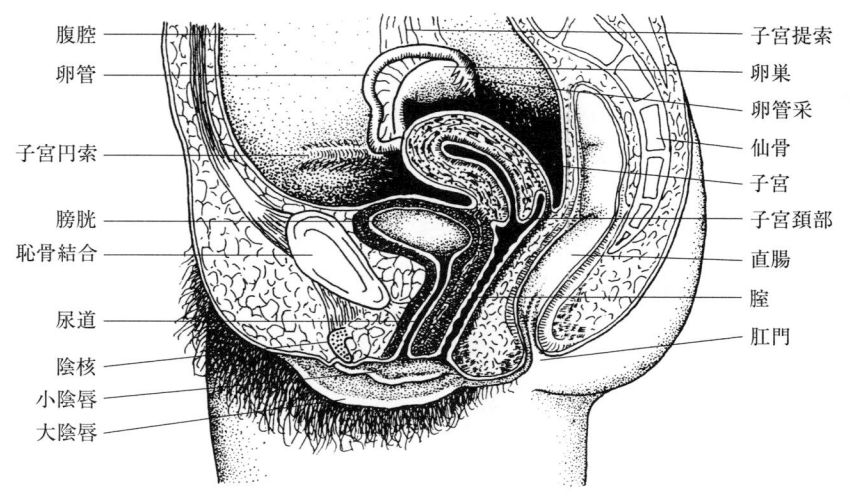

図 29.3　女性の生殖器官

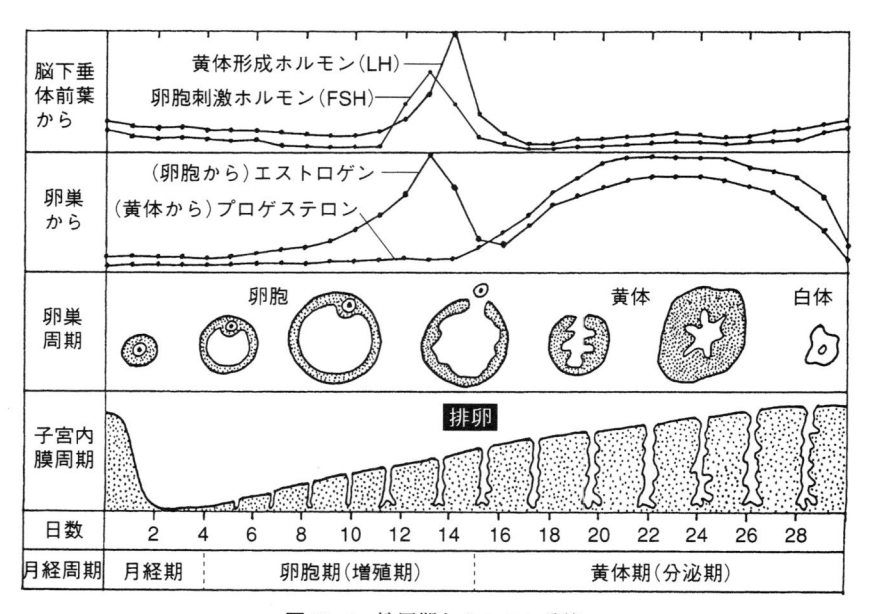

図 29.4　性周期とホルモン分泌

されている．卵管は卵巣とは直接の連絡はないが，末端が膨大し卵管采と呼ばれ，部分的に卵巣を取り囲んでいる．

　排卵によって卵母細胞が卵巣から排出されると，卵管采は波打つように動いて卵母細胞を卵管の中へ取り込む．受精は普通この部分で起こる．卵母細胞は排卵後24時間以上は生きられず，受精すれば卵管の蠕動運動と繊毛運動によって3〜4日をかけて子宮へと運ばれる．逆に精子は排卵前に膣と子宮を経て，卵管の蠕動運動と繊毛運動に逆らって卵管采まで到達して排卵を待つこと

になる．

精子の変化

　精巣の中で精子が形成される過程は別の巻で述べるが，成熟精子が射出されて女性生殖器官内で卵と出合って受精できるようになるまでの様子をみておこう．

　精子が成熟して運動性をもつようになるのは精巣上体に達してからである．精巣上体の精子はある程度の受精能力（10〜20％）をもっているが，精液と混ざると完全に受精能力を失う．これを脱受精能という．精液と混ざることによって，精子はタンパク質の被膜に覆われアクロシンと呼ばれる精子内のタンパク質分解酵素も不活性化され反応性を失うからである．したがって，射出された精子は採取した卵と混合しても受精しない．試験管ベビーと呼ばれる受精が長い間できなかった理由である．

　正常な受精では，射出された精子が一時的に膣の酸性環境にさらされることによって，精子の被膜が除かれ，アクロシンが活性化されて受精するようになる．これを受精能獲得と呼んでいる．この精子は，精液によって中和された女性生殖器の中性環境によって運動性が増大し，輸卵管の中を卵を求めて卵管采への道をたどる．射出される精液は2〜3 ml程度であるが，1 mlあたり5000万から1億の精子を含んでいる．実験的には，受精は1つの卵に1つの精子が入ることによって成立するが，実際には1 mlあたり2000万以下の精子数では妊娠しない．

==Tea Time==

性周期（月経周期）とホルモン

　女性は成人する（性ホルモンが周期的に分泌されるようになる）と脳下垂体前葉から卵胞刺激ホルモン（FSH）と黄体形成ホルモン（LH）を分泌し，それに反応して卵巣からエストロゲンとプロゲステロンを分泌する．これに呼応して卵巣の卵の成熟と排卵，それに子宮内膜の肥厚と剥離が起こる．この4者（脳下垂体のホルモン分泌，卵巣のホルモン分泌，卵巣の排卵，子宮内膜の変化）は密接に関連して平均的に28日周期で起こる．これを性周期（月経周期）という（図29.4）．女性の場合，卵母細胞として排卵される卵は生涯を通じて400〜500程度であるので，性周期（28日ごとに1つの排卵）は約45年間（初経から閉経まで）続く．

　思春期になってFSHが分泌されると，卵巣の卵胞は発達してエストロゲン

を分泌する．エストロゲンに刺激されて，卵は成熟して第2減数分裂中期まで進む．子宮内膜も発達して厚くなる．少し遅れてLHの分泌が始まり，大量分泌に反応して排卵が起こる．排卵後の残った卵胞は黄体となりプロゲステロンを分泌する．プロゲステロンは子宮内膜を発達させ，卵が着床できるようにする．卵は受精しなければ着床しないが，着床すれば，黄体は退化しても，プロゲステロンは胎盤から分泌されるようになり妊娠を維持する．受精せず着床しなければ，黄体は変性し退化するので，プロゲステロンもエストロゲンも減って子宮内膜の細胞は死んで，子宮壁から子宮内膜が剥離し，3～5日続く出血が起こる（月経）．したがって，卵母細胞は受精しなければ第2卵母細胞中期のままで出血とともに捨てられる．受精すれば減数分裂（成熟分裂）を完了して受精卵となり，輸卵管を子宮に向かって移動し，細胞分裂が進行して8細胞期ごろ着床し，妊娠に至る．

第30講

からだを守る：生命を維持する

テーマ
- ◆ からだを守る方法
- ◆ 免疫，アレルギーとは
- ◆ 生命をどこまで維持できるか

生体防御

　生物は生きていくために，酸素や水を含めさまざまな物質を取り入れると同時に，有害な物質を排除しなければならない．そのために，物質の摂取・消化・吸収があり，排出機構があるのであるが，生物の環境は多種多様であり，口から入った物を選別して取り入れ，不要物を排出するだけでは生命を守りきれない．生命を守る手段は2重3重になっていても，なお守りきれないのが実情である．しかし，その方法はごく一部しかわかっていない．まずわかっている方法を理解して，今後の解明の手がかりにしなければならない．ここでは動物，特にヒトの場合を考えてみよう．

　ヒトの皮膚は新陳代謝が盛んで，古い細胞は死んで体表を覆い，新しい細胞がこれに変わる，いわゆる再生によって身体を守っている．皮膚の分泌物は弱酸性で皮脂とともに細菌の発育を阻害している．気管や消化管の粘液は微生物を捕捉し繊毛によって外へ排出する．体毛や鼻毛や爪のケラチンも体表を保護している．胃液，涙液，唾液，膣液なども細菌の増殖を防ぎ，微生物を分解する酵素を含む場合（胃液，涙液，唾液）もある．

　体内では白血球やマクロファージのような食細胞があり，アメーバが食物を食べるような方法で病原体などの異物を取り込み，液胞をつくる．液胞は分解酵素を含むリソソームと融合して異物を分解し消化する（図4.1）．血液やリンパのなかにはナチュラルキラー細胞（NK細胞）があり，リンパ球の一種でウイルス感染細胞や腫瘍細胞を認識してこれを破壊する．癌に対する免疫監視機構やウイルス感染の防御機構としてはたらいている．また，よく見られる炎症反応は白血球による防御反応であるが，傷が広がるのを防ぎ，発疹や発熱など

によって警告する．そのほか，異種タンパク質，ウイルス，細菌などが侵入すると，血液中にある補体や感染細胞が分泌するインターフェロンによって各種の防御機構を増強させる作用もある．

このように外敵から個体を守る手段としてさまざまな機構を備えているが，これらは細胞レベル，組織レベル，器官レベルでまとまった機能をもちながら，場所に応じて特異な反応ができるように細胞が分化し，それを組織あるいは器官のレベルで協力体制をとって全体として機能を完遂できるようにして個体を守っている．たとえば，鼻は嗅覚器官であるが，同時に呼吸のための気道でもある．そのために，細胞レベルでは嗅覚細胞があり，鼻毛で微生物の侵入を防ぎ，粘液の分泌で汚物を排除し，悪臭を避け，きれいな空気を肺に送ることができる．この機能ができるだけ容易に遂行できるように筋肉組織や骨組織が構造や形をつくり，神経組織が刺激を脳に伝えることによって嗅覚器官として個体の生命維持に役立っている．このようなさまざまな生体防御機構のなかで，重要なはたらきをしているのが循環器官系の血液やリンパが分化した免疫の機構であろう．

免　　疫

われわれのからだは個体の独立性が細胞レベルで確立されている．外界から侵入する微生物はもちろん，有害・無害にかかわらず，その個体がもっている構成成分以外のいろいろな高分子物質を識別して異物として排除する機構がある．この機能を担っているのは免疫細胞であり，最も重要な細胞はリンパ球とマクロファージ（大食細胞）である．これらは直接的に異物を攻撃して破壊する方法と抗体という特異な分子を産生して，これが異物を捕捉して破壊する間接的な方法の2つの方法で個体を守っているが，この方法で個体に異物に対する抵抗力が生じることを免疫という．

リンパ球は赤血球などと同様に胎児では肝臓でつくられるが，成体では骨髄でつくられ，リンパ球は血管や細胞間の組織液などに出て，からだ中をめぐって，異物の侵入を監視している．リンパ球の一部は胸腺，リンパ節，脾臓などのリンパ器官にとどまって，免疫応答に備えている．成熟分化したリンパ球の主体はB細胞とT細胞である．リンパ球の一部は血流にのって胸腺に移行し，その一部は分化してT細胞になる．胸腺に入らないリンパ球は異物を認識するB細胞になり，さらにプラズマ細胞（形質細胞，抗体産生細胞）になる．

B細胞もT細胞も細胞表面に受容体をもっており，異物（抗原という）が侵入すると，受容体で結合したB細胞はプラズマ細胞になり抗体をつくり細胞外に放出する．抗体は血液やリンパ液にあり，抗原と結合してこれを無毒化

する．このような免疫応答を液性免疫という．一方，T細胞は侵入してきた細菌やウイルスと直接反応してこれを破壊する．このような免疫応答を細胞性免疫という．

液　性　免　疫

　液性免疫でも細胞性免疫の場合でも，その攻撃対象（抗原）となるのは自分がもっていない非自己（異物）の巨大高分子である．骨髄でつくられるリンパ球には多数の種類があり，そのうち自分がもっている（自己の）巨大分子と反応するリンパ球は分化する途中で除去されるか不活性化されて排除されてしまうので，リンパ球は非自己の巨大分子と反応するものだけが残されている．といっても，体外から侵入する非自己の巨大分子の数は無限に近いであろうから，それぞれに対応する抗体をつくるにはリンパ球の種類もまた無限に近いほど必要である．兄弟や両親や親しい友人のタンパク質でさえ非自己の分子である．実際に，B細胞がつくる抗体やT細胞の表面の受容体はタンパク質の1つのアミノ酸の違いでも区別して反応できる．

　ではそんな抗体分子とはどんなものか．抗体分子は免疫グロブリン（Ig）と呼ばれるタンパク質である．図30.1に示すように，基本的には，同じ構造の2本のL鎖（軽鎖）と同じ構造の2本のH鎖（重鎖）からなる4本のポリペプチド鎖が-SS-結合で結合したY字型の分子である．Y字の2本の先端部分は抗原結合部位で構造が異なった可変領域で，抗原に対応できる構造の異なった抗体になっている．それはL鎖の合成やH鎖の合成にもそれぞれ別の数多くの遺伝子群があって多くのタンパク質の断片をつくる．それが抗体の完熟に当たっていろいろな組み合わせで抗体分子をつくるから，その種類数は無限に近く

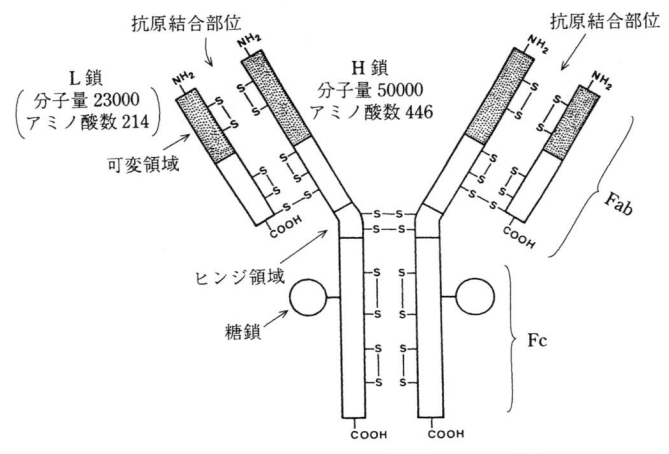

図30.1　免疫グロブリン（抗体）IgGの構造

なる．これによって生じる構造上の差異が抗体の多様性の要因である．

B細胞がつくる抗体には5種類がある．IgA, IgD, IgE, IgG, IgMと呼ばれる．IgAとIgGにはさらにいくつかのサブクラスがあり，それぞれ立体構造の違いにより特異の機能をもっている．IgM（たぶんIgDも）はB細胞が分化・成熟する途中で産生され，分泌はされないが，細胞表面に移動し，抗原の受容体として機能し抗原に応答できるようになる．このような細胞を未感作B細胞という．未感作B細胞が抗原に出合うと，活性化され，T細胞の1種ヘルパーT細胞の助けをかりて分化し，プラズマ細胞（形質細胞）になり，抗体をつくり分泌する．分泌される抗体はIgG, IgA, IgEである（図30.1）．これらの抗体は抗原と出合うと補体結合を起こしたり細菌やウイルスと結合して凝集や沈降して無毒化する．これを食細胞が捕食する（図30.2）．

はじめて抗原に出合った時は反応が遅く弱い．これを一次応答という．このとき反応しなかったB細胞は増殖・成熟して記憶B細胞になる．記憶B細胞は2度目に同じ抗原が侵入すると急速に大量の抗体をつくり強い反応を示す．これを二次応答という．ワクチンは死菌または不活性化された病原体でできており，ワクチンの接種により人工的に免疫を獲得するので，実際に病原体が侵入したときはすぐに二次応答が起こるので予防効果が強い．

細胞性免疫

細胞性免疫応答を担っているのは胸腺で分化するT細胞である．ヘルパーT細胞，キラーT細胞，サプレッサーT細胞，記憶T細胞などがある．T細胞の表面にはB細胞と違って抗体はなく，特別な膜貫通性の抗原認識部位をもち，これが受容体，抗原レセプターとして機能する（図30.3）．T細胞は抗原

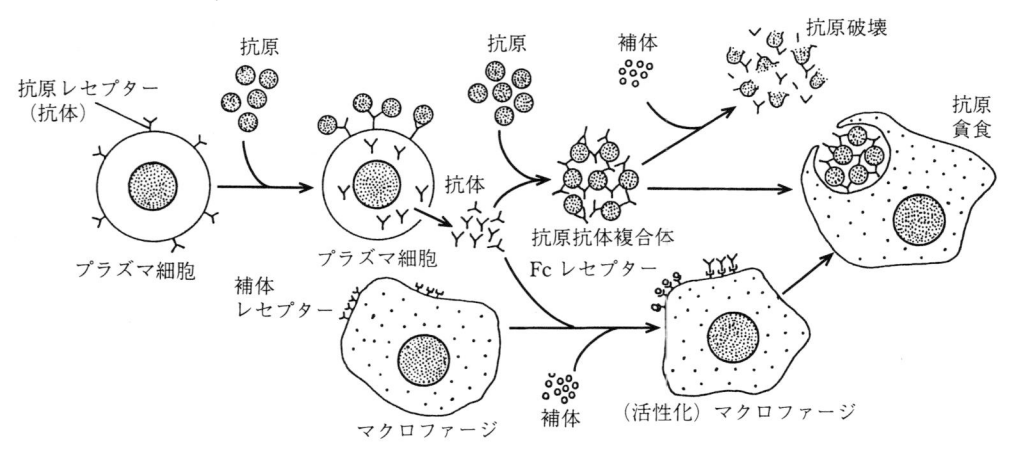

図30.2 液性免疫（形質細胞→抗体）

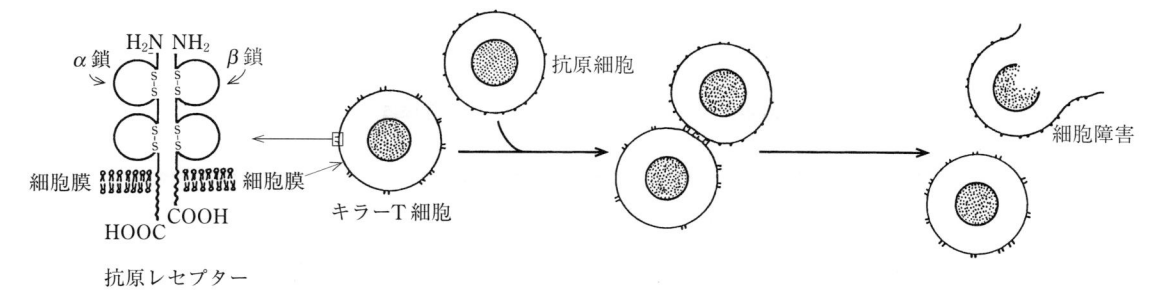

図30.3　細胞性免疫（T細胞）

とマクロファージの両方と結合してはじめて活性化される．ヘルパーT細胞はB細胞やT細胞のはたらきを助け，キラーT細胞はウイルスに感染した細胞や移植組織細胞などを攻撃し障害を与える．サプレッサーT細胞はT細胞の機能を抑制して，抗原を破壊したあとで，免疫反応の機能を終わらせる．T細胞は数日で死亡するが，記憶T細胞が長く生きて，次の抗原侵入に備えている．

アレルギー

免疫には有害なものもある．それがアレルギーである．一種の過敏症で，ペニシリンショックや花粉症がその例である．アレルギーを起こす抗原をアレルゲンと呼んでいるが，巨大分子でなくても，小分子がからだの中でタンパク質と結合することでアレルゲンとなることがある．このような抗原となりうる小分子をハプテンというが，たとえば，ウルシの樹液，洗剤，石鹸，髪の染色液，化粧品，家庭で使うさまざまな製品などがある．

アレルギーには即時型過敏反応と遅延型過敏反応がある．アレルゲンに対してB細胞が反応し抗体のIgEが多量に産生され，これが肥満細胞に結合し，多量のヒスタミンが放出されることから始まる．ヒスタミンは細い血管を拡張し透過性を高めて，鼻水，流涙，かゆみ，じんましんなどを引き起こす．これらの症状を抑えるのに抗ヒスタミン剤がある．全身性のアレルギー反応はアナフィラキシーショックと呼ばれ，蜂や毒グモに刺されて起こることがあるが，まれである．抗原が直接血流に入って全身にまわって起こる．エピネフリンによる治療が必要である．

遅延性過敏反応にはキラーT細胞などが関与する．抗原に対して数時間から数日かかって発現する病気で，接触皮膚炎などがある．ヒスタミンではなくて，T細胞が分泌するリンフォカインが反応して皮膚に炎症を起こす．ウルシや鉛，水銀などの重金属，化粧品，防臭剤などで生じる皮膚炎である．副腎皮

質ホルモンが有効のようである．ツベルクリン反応も遅延性過敏反応の一種である．

=====Tea Time=====

動物の寿命

　成熟したからだはさまざまな形で生命の維持をはかっている．それでも，やがて老化し，生命は次の世代にゆずることになる．動物個体の寿命には限界があることを経験的に知っている．細胞・組織・器官の老化の結果として寿命があるのか，遺伝子によってプログラムされた寿命があるのか．いずれにしても動物種によって寿命は決まっているようにみえる．

　現在いろいろな組織・器官に幹細胞が見いだされて研究されているが，通常は筋肉細胞，神経細胞，骨細胞などは一定の数まで増えたら増殖しないと考えられていた．皮膚や多くの上皮細胞あるいは造血細胞なども幹細胞が失った部分を補うと考えられ，増殖が衰えたり，分裂が止まった後で，その細胞がどれだけ生きられるかがその細胞の寿命であり，それが個体の寿命に反映されると考えられる．

　人の胎児や新生児の繊維芽細胞は培養すると，およそ50回の分裂を行うことができるが，高齢者の繊維芽細胞は培養しても10回程度で分裂が止まってしまう．動物の細胞は細胞分裂回数が種によって決まっており，分裂停止以後の老化速度が寿命を決めるという考えもある．

　最近，真核細胞の染色体の両端（鎖状DNAの両末端）に小粒があることが見いだされ，テロメアと呼ばれ，染色体の融合や分解を防いでいると考えられた．テロメアには特殊な塩基配列をもつテロメアDNAがある．細胞は分裂のたびごとにDNAの半保存的複製を行うが，複製開始部位にはプライマーなどいくつかの開始因子が結合するからDNAの末端部分は複製されない．この部分がテロメアで，細胞分裂のたびにテロメアDNAは短くなる（新生児のテロメア長は15kb，高齢者は5kb）．テロメアDNAが短小化したところで分裂は停止し，テロメアDNAの長さが細胞分裂の回数を決めると考えられる．

　常に細胞分裂を行っている男性の生殖細胞では，テロメアの短小化を防ぐテロメラーゼ（テロメアDNA合成酵素）活性があり，テロメアは長い．テロメラーゼをつくる遺伝子（*TERT*）がクローン化され，テロメラーゼ活性を示さない体細胞に*TERT*遺伝子を導入すると，テロメラーゼ活性を示し，盛んに分裂することが示された．しかし，すべての細胞にテロメラーゼを付加することはできないし，分裂停止後の細胞の寿命は個体の寿命と結び付いているから，テロメラーゼの有無と寿命は結びつきそうにない．

しかし，前述のように高齢者の細胞は培養しても分裂回数は少ないから，分裂回数の減少は老化を示しているかもしれない．だとすればテロメアの長さが関係しているかもしれない．あるいは成長因子が細胞分裂を促進するから，成長因子の産生の減少が老化に関係するかもしれない．今後の研究の進展が興味深い．

　生命は細胞に宿り，組織・器官をつくり，個体のレベルで維持される．しかし，やがて老化し，次世代に受け継がれるのなら，よい遺伝子を残したいものである．科学の進展はそれを可能にするのだろうか．

索　引

A帯　102
Aフィラメント　102
ABO式血液型　110
AIDS　142
ATP量　4
B細胞　166
β酸化　47
CAM　69
DNAの合成　36
DNAヘリカーゼ　37
DNAポリメラーゼ　37
DNAリガーゼ　37
ECM　70
ES細胞　87
GABA　96
H帯　102
HDL　130
I帯　102
Iフィラメント　102
Ig　167
LDL　129
M期促進因子　65
NK細胞　165
pH調節　148
Rh抗原　111
Rh式血液型　110
RNAの合成　37
RNAポリメラーゼ　39
*SRY*遺伝子　157
T管　99
T細胞　166, 168
TCA回路　46
X器官　154
X器官-サイナス腺系　153
Y器官　154
Z帯　102

ア行

悪玉コレステロール　129
アクチン　50
アクチンフィラメント　50, 99
アクロシン　163
アシドーシス　148
脚の筋肉　83
アデニル酸シクラーゼ　151
アナフィラキシーショック　169
アポクリン汗腺　116
アミノ末端　42
γ-アミノ酪酸　96
アルカローシス　148
アレルギー　169
アレルゲン　169
アンモニア　130

胃　76, 122
イオンチャネル　24
イオンポンプ　24
異化　128
胃腔　83
移行上皮　88, 90, 149
胃小窩　123
胃体　122
一次応答　168
一酸化炭素中毒　137
胃底　122
遺伝暗号　40
遺伝情報　34
飲作用　33
インスリン　147, 153
インターフェロン　166
インテグリン　26, 52
咽頭　122, 133
イントロン　39
陰嚢　160

ウイルス　2
裏声　133
ウロテンシンI　154
運動神経　93

エイズ　142
栄養素　125
液性免疫　167
エキソサイトーシス　33
エクソン　39
エクリン汗腺　116
エネルギー合成　45
エネルギー代謝　128
エピネフリン　129, 169
鰓　120
エラスチン　106
襟細胞　118
エリスロポエチン　141
塩基配列のミス　43
嚥下運動　123
炎症反応　110, 165
遠心性神経　97
円柱上皮　90
エンドサイトーシス　33

横隔膜　123
黄体　164
黄疸　131
嘔吐　127
横紋筋　39, 80, 99
オキシトシン　154
オルガナイザー　77
オルガネラ　30
オルニチン回路　130

カ行

外呼吸　133
外骨格　107
介在配列　39
介在板　100
開始コドン　38, 41
外性器　160
回腸　122
解糖　102
解糖（系）　27
外套細胞　93
外尿道括約筋　149
外胚葉　75
外皮系　113
開放血管系　120
カイメン　83
カウパー腺　159, 161
化学的消化　122

索引

芽球　118
核　30, 34
顎下腺　122
核小体　39
拡張期血圧　141
核の動態　35
核分裂　56, 57
下垂体門脈系　129
ガス交換　134
ガストリン　123, 125
活動電位　94
滑面小胞体　31
括約筋　149
カドヘリン　69
過分極　96
花粉症　169
可変領域　167
かま状赤血球貧血　44, 110
ガラス軟骨　108
カルシウムチャネル　96
カルニチン　46
カルボキシル末端　42
肝炎　132, 142
感覚器官　75
感覚器系　113
感覚上皮　88
感覚神経　93
間期　63
肝硬変　132
間細胞　87
幹細胞　170
冠状動脈　140
関節　100, 108
汗腺　116
肝臓　76, 122, 128, 141
眼柄ホルモン　154
肝門脈系　129

キアズマ　60
記憶T細胞　169
記憶B細胞　168
機械的消化　122
気管　120
器官　79, 112
器官系　113
器官形成　86, 114
基質特異性　19
喫煙　134
基底層　115
基底膜　89
基本粒子　46
ギャップ結合　70

キャップ構造　39
嗅覚器官　166
吸気　134
吸気運動　136
休止期　63
吸収上皮　88
求心性神経　97
9＋2構造　54
凝固因子　142
胸腔　136
凝集原　110
凝集素　110
強縮　104
狭心症　140
共生説　49
強直　104
胸膜　134
巨核球　110
極性　55, 81, 87
キラーT細胞　169
筋原繊維　99
筋細胞　99
筋収縮　100
筋鞘　99
筋小胞体　99
筋繊維　99
筋組織　99
筋肉　76
筋肉系　113
筋肉組織　79
筋肉の痙攣　104
筋肉の疲労　103

空腸　122
クエン酸回路　46
グリア細胞　94
グリコゲン合成　129
クリステ　46
グルカゴン　129, 153
グルクロン酸　131
グルココルチコイド　129
グルコーストランスポーター
　（グルコース輸送タンパ
　ク質）　24, 28
クレアチンリン酸　104
クレブス回路　46, 104
グロビン　131

形質細胞　166
継時的雌雄同体　121
痙縮　105
形成体　77

形態形成運動　80
形態再編（形態調節）　87
系統発生　117
血圧　140
血液　108, 141
血液型　110
血液凝固　109
血液成分の調節　147
血液脳関門　98
血管　76, 140
月経　161, 164
月経周期　163
結合因子　26
結合型リボソーム　40
結合組織　79, 106
血漿　109
血小板　39, 109
血清　109
結石　132
血栓　142
血中濃度調節　156
結腸　122
血糖値　129
血糖量調節ホルモン　154
血友病　142
解毒　128
ゲノム　12, 49
下痢　127
腱　99, 106
原核細胞　8, 13
原核生物　9
嫌気的呼吸　45
原形質　17
原腎管　145
減数分裂　56, 58
原生動物　117

睾丸決定遺伝子　157
交感神経　93
睾丸性女性化症　158
好気的呼吸　45
口腔　122
後形質　17
高血糖　147
抗原　166
抗原認識部位　168
膠質結合組織　106
拘縮　105
恒常性　96, 146
後生動物　117
酵素　18
　——の発見　22

抗体　166
硬直　105
喉頭　133
高比重リポタンパク質　130
抗ヒスタミン剤　169
興奮の伝達　95
興奮の伝導　94
肛門　122
抗利尿ホルモン　147
五界説　10
呼気　102, 134
呼気運動　136
呼吸　102, 134
呼吸運動　136
呼吸器官　112, 133
呼吸器系　113
呼吸膜　135
骨格筋　39, 99
骨格系　113
骨細胞　107
骨髄　39, 106, 107
骨髄系幹細胞　141
骨折の再生　107
骨組織　107
骨片　83
固定結合　68
コドン　41
コラーゲン　107
ゴルジ体　31
コレシストキニン　125
コレステロール　129
コロニー刺激因子　142
コンドロイチン硫酸　107

サ 行

再吸収　147
細菌　2
サイクリン　65
サイクリン依存性タンパクキナーゼ　65
再生　165
サイトカイン　26
サイトカラシン　53
サイナス腺　154
サイナス腺ホルモン　154
再配列　149
細胞　6
　──の移動　71, 80
　──の極性　32, 54
　──の区画化　56
　──の行動　14

　──の定位　72
細胞外基質　26, 70, 79, 106
細胞外消化　119
細胞間結合　68
細胞間連絡　70
細胞呼吸　133
細胞骨格　50
細胞質基質　17, 26
細胞質分裂　56, 58
細胞周期　63
細胞周期チェックポイント　65
細胞小器官　17, 26, 30, 118
細胞性結合組織　106
細胞成長　56
細胞性免疫　168
細胞説　8, 34
細胞接着因子　69
細胞定位　52
細胞内消化　119
細胞内情報伝達　25, 66, 68
細胞内情報伝達経路　151
細胞分裂　35, 56
細胞分裂回数　170
細胞膜　23
細胞膜受容体　70
細網組織　106
刷子縁　124
サプレッサーT細胞　169
左右　81
サルコメア　102
酸塩基平衡　148
三界説　10
酸化的リン酸化反応　48
三胚葉　85
三胚葉性　84, 119
三連塩基　43

自家受精　121
耳下腺　122
子宮円索　161
糸球体　147
子宮内膜　163
軸芽　118
軸細胞　118
軸索　92
シグナルペプチド　31
止血作用　110, 142
試験管ベビー　163
自己増殖　3
支持組織　106
脂質二重層　23

視床下部　97, 147
視床下部-下垂体神経分泌系　153
視床下部ホルモン　154
脂腺　116
自然発生　5
悉無率　104
シトクロム　47
シナプス　70, 92, 95
シナプス間隙　96
シナプス小胞　96
刺胞　119
脂肪組織　106
刺胞動物　119
ジャケット細胞　118
射精管　161
雌雄異体　120
終止コドン　38, 41
収縮環　52, 58
収縮期血圧　141
重層立方上皮　90
雌雄同体　119, 120
十二指腸　122
樹状突起　92
受精能獲得　163
受動輸送　25
受容体タンパク質　25
シュワン細胞　93
循環器官　112, 139
循環器系　113
消化管　114, 122
消化器官　112
消化器系　113
小腸　122
上皮　88
上皮細胞　135
上皮細胞成長因子　66
上皮組織　79, 88
小胞体　31
情報発現　3
食細胞　165
食作用　33
食道　122
植物極　73, 77
植物細胞　9
助酵素　19
女性生殖器官　161
触角腺　146
自律神経　96
自律神経系　93
仁　39
腎盂　147

真核細胞　8
真核生物　9, 13
心筋　80, 99
心筋梗塞　140
シングレット微小管　53
神経系　75, 113
神経膠　93
神経成長因子　66
神経組織　79, 92
神経伝達物質　95
神経分泌　151, 153
神経分泌ホルモン　153
神経葉　154
真再生　87
新生細胞　87
心臓　139
腎臓　145
心臓血管系　139
心臓発作　140
靱帯　99, 106, 108
浸透圧調節ホルモン　154
心拍　140
真皮　89, 116
腎門脈系　129

随意筋　99
膵管　122
髄鞘　94
膵臓　76, 122
スプライシング　39

性決定遺伝子　157
静止電位　94
精子の変化　163
性周期　163
成熟促進因子　65
星状体　53
生殖器官　112, 159
生殖器系　113
生殖上皮　88
精巣　159
精巣決定遺伝子　157
精巣上体　160
声帯　134
生体防御　165
生体膜　23
正中隆起　154
成長因子　65, 171
性同一性障害　157
精嚢　160
生物進化　117
生物のあかし　1

生物の本質　2
生物発生原則　8
性ホルモン　157
生命　3
　　——の連続性　13, 165
生命維持　13, 165
声門　134
セカンドメッセンジャー　70, 151
脊索　106
脊髄神経　93
咳反射　134
セクレチン　125
舌下腺　122
赤血球　39, 109
接触皮膚炎　169
接着帯　52, 68
セルトリ細胞　160
セロトニン　142
腺　151
繊維芽細胞　170
繊維性結合組織　106
全か無の法則　104
前後　81
腺上皮　88
染色体交差　60
染色体不分離　157
善玉コレステロール　130
蠕動運動　124
セントラルドグマ　39
選別シグナル　31
繊毛運動　16
前立腺　149, 160
前立腺肥大　150

造血細胞刺激因子　66
総胆管　122
相同染色体　59
相補的塩基　36
ゾウリムシ　118, 159
　　——の繊毛運動　15
即時型過敏反応　169
組織　79
　　——の形成　85
ソマトスタチン　125
粗面小胞体　31, 40

タ　行

体外受精　121
体循環　140
大食細胞　166

体性神経系　93
体節器　146
大腸　122
体内情報伝達　92
胎盤　164
タウリン　131
唾液腺　122
多核化　39
多核細胞　39
他家受精　121
脱臼　108
脱受精能　163
脱皮抑制ホルモン　154
脱分極　94
タブレット微小管　54
多列円柱上皮　90
炭酸脱水酵素　135
胆汁　122
胆汁酸　131
胆汁色素　131
男性生殖器官　160
胆石　132
単層円柱上皮　90
単層立方上皮　90
胆嚢　122
タンパク質合成　40

チアノーゼ　137
遅延型過敏反応　169
恥骨結合　149
着床　164
中間径フィラメント　50, 54
中膠　85, 119
中心体　32
中心乳糜管　124
虫垂　122
中枢神経　92
中胚葉　75
中皮　88
チューブリン　50, 53
腸　76
腸肝循環　132
調節タンパク質　66
蝶番　108
跳躍伝導　94
直腸　122

椎間板　108
対合　59
ツベルクリン反応　169

低比重リポタンパク質　129

テストステロン　160
デスモソーム　68
テロメア　170
テロメラーゼ（テロメア
　　　DNA合成酵素）　170
電位差　94
電子伝達系　47, 104
転写　37
転写開始部位　38
転写終止部位　38

同化　128
洞結節　140
動原体　57
糖新生　129
糖尿病　147
逃避反応　16
動物極　73
動物細胞　9
動物の寿命　170
動物の多様性　117
特異的選択的遺伝子発現　13
トリカルボン酸回路　46
トリプレット微小管　54
トロポコラーゲン　106
トロポニン　102
トロポミオシン　102
トロンボポエチン　142

ナ　行

内呼吸　133
内骨格　107
内尿道括約筋　149
内胚葉　75
内皮　88
内皮細胞　135
内分泌器官　112, 151
内分泌器系　113
内分泌腺　151
ナチュラルキラー細胞　165
ナトリウムチャネル　94
ナトリウムポンプ　94
軟骨　106
軟骨組織　107

二界説　10
ニキビ　116
二次応答　168
ニハイチュウ（二胚虫）　83, 85, 118
二胚葉性　84, 119

乳糜　129
乳糜管　129
ニューロン　92
尿細管　147
尿酸　130
尿失禁　149
尿素　130
尿素回路　28, 130
尿道　149
尿道球腺　159
尿の生成　147
尿の排出　91
尿閉　150
妊娠　164

ネフロン　146

脳間部-側心体-アラタ体系　153
脳関門　98
脳神経　92
能動輸送　24

ハ　行

歯　122
胚　67, 73
肺　76, 120
肺活量　136
杯細胞　134
排出器官　112, 145
排出器系　113
肺循環　140
肺書　120
肺尖部　134
肺底部　134
排尿　149
排尿筋　149
排尿困難　149
排尿反射　149
背腹　81
排便反射　127
肺胞　133
胚葉　75, 79
培養細胞　4
排卵　164
破骨細胞　107
バソプレシン　147, 154
白血球　109
ハプテン　169
バルトリン腺　160
半保存的複製　36

鼻音　133
被蓋上皮　88
皮脂　116
微小管　50, 53
微小管形成中心　53, 57
微小繊維　50
ヒスタミン　125, 169
ヒストン　36
微生物の発見　11
脾臓　107
ビタミン　21
必須アミノ酸　28
必須脂肪酸　28
ヒドラ　119
皮膚　89, 115
尾部下垂体　154
尾部神経分泌系　153
肥満細胞　169
標的器官　151
表皮　75, 89, 116
ピリミジン塩基　36
ビリルビン　131
貧血　110

フィードバック　97, 156
付加形成　87
腹腔　136
副交感神経　93
腹式呼吸　136
副腎皮質ホルモン　169
複製開始点　37
不随意筋　100
物質代謝　128
不適合輸血　110
不等分裂　62
プラズマ細胞　166
プラナリア　84, 119
　　──の再生　86
プリン塩基　36
プロセシング　39
プロタミン　36
プロモーター領域　39
分極　94
分泌上皮　88
分泌抑制ホルモン　154
噴門　122
分裂期　63
分裂溝　61
分裂装置　61

平滑筋　39, 80, 99
平衡器官　83

閉鎖血管系　120
ペースメーカー　100, 140
ペニシリンショック　169
ペプシノゲン　123
ヘモグロビン　109
ヘルパーT細胞　168, 169
便秘　127, 136
扁平上皮　89
鞭毛室　85

膀胱　91, 145
膀胱結石　150
紡錘体　53
傍分泌　153
ボウマン嚢　147
補酵素　19, 21
母性遺伝　49
補体　166
哺乳類のホルモン　152
骨　76, 107
ホメオスタシス　96, 151
ボヤヌス器　146
ポリ(A)　39
ポリソーム　40
ポリリボソーム　40
ホルモン　151
ホルモン受容体　25, 151
ホルモン分泌調節　156
翻訳　38, 41

マ 行

膜貫通タンパク質　70
膜受容体　25
膜の透過性　24
マクロファージ　142, 166
末梢神経　92
マトリックス　46
マルピーギ管　145

ミエリン　94
ミオシンフィラメント　99

未感作B細胞　168
ミクロチューブル　50
ミクロフィラメント　50
密着結合　68
ミトコンドリア　30, 46
ミトコンドリア外膜　46
ミトコンドリアDNA　49
ミトコンドリア内膜　46
ミネラル　21
脈拍　140
味蕾　123

無核化　39
無核細胞　39
無気呼吸（無酸素呼吸）　45
無性生殖　159
無脊椎動物のホルモン　155

迷走神経　126
免疫　109, 166
免疫応答　142
免疫グロブリン　167
免疫細胞　166
免疫反応　142

盲管　142, 146
盲腸　122
モータータンパク質　53
モネラ　9
モネラ　9
門脈　124, 129

ヤ 行

有酸素呼吸　45
有髄神経　94
有性生殖　159
幽門　122
遊離因子　42
遊離型リボソーム　40
輸血　110
輸精管　161

輸胆管　122
輸卵管　161

葉緑体　30
予備吸気量　136
予備呼気量　136

ラ 行

ライディッヒ細胞　160
ランヴィエ絞輪　94
卵割　63, 73
卵管　161
卵管采　162
卵巣　159
卵巣成熟抑制ホルモン　154

リソソーム　31
リボソーム　31, 40
リポタンパク質　129
流動モザイク説　23
両性腺　118
燐原質　28
リンパ　108, 139
リンパ液　139
リンパ管　110, 142
リンパ器官　166
リンパ球　166
リンパ球系幹細胞　141
リンパ系　139, 142
リンパ節　106, 142, 144
リンフォカイン　169

霊魂説　5
攣縮　105
連絡結合　68

老化　170

ワ 行

ワクチン　168

著者略歴
石原勝敏（いしはら・かつとし）

1931年　島根県に生まれる
1953年　島根大学文理学部卒業
1957年　東京大学大学院博士課程退学
1976年　埼玉大学理学部教授
現　在　埼玉大学名誉教授
　　　　理学博士
著　書　『動物発生段階図譜』（編著，共立出版，1996）
　　　　『図解　発生生物学』（裳華房，1998）
　　　　『現代生物学』（朝倉書店，1998）
　　　　『生物学データ大百科事典』（共編，朝倉書店，2002）

図説生物学30講〔動物編〕1
生命のしくみ 30 講　　　　　　　定価はカバーに表示
2004年11月20日　初版第1刷

著　者　石　原　勝　敏
発行者　朝　倉　邦　造
発行所　株式会社　朝　倉　書　店
　　　　東京都新宿区新小川町 6-29
　　　　郵便番号　162-8707
　　　　電　話　03(3260)0141
　　　　Ｆ Ａ Ｘ　03(3260)0180
　　　　http://www.asakura.co.jp

〈検印省略〉

© 2004〈無断複写・転載を禁ず〉　　　シナノ・渡辺製本
ISBN 4-254-17701-1　C 3345　　　Printed in Japan

江戸川大 太田次郎他編

生物学ハンドブック

17061-0 C3045　　A 5 判 664頁 本体23000円

生物学全般にわたって，基礎的な知識から最新の情報に至るまで，容易に理解できるよう，中項目方式により解説。各項目が，一つの読みものとしてまとまるように配慮。図表・写真を豊富にとり入れて，簡潔に記述。生物学，隣接諸科学の学生や研究者，関心をもつ人々の座右の書。〔内容〕細胞・組織・器官(45項目)／生化学(34項目)／植物生理(60項目)／動物生理(49項目)／動物行動(47項目)／発生(45項目)／遺伝学(45項目)／進化(27項目)／生態(52項目)

江戸川大 太田次郎編

バイオサイエンス事典

17107-2 C3545　　A 5 判 376頁 本体12000円

生物学，生化学，分子生物学，バイオテクノロジーとバイオサイエンス(生命科学)は広い領域に渡る。本書は，研究者，教育者，学生だけでなく，広く関心のある人々を対象とし，用語の定義を主体とした辞典でなく，生命現象や事象などについて具体的解説を通して，生命科学を横断的にながめ，理解を図る企画である。〔内容〕生体の成り立ち／生体物質と代謝／動物体の調節／動物の行動／植物の生理／生殖と発生／遺伝／生物の起源と進化／生態／ヒトの生物学／バイオテクノロジー

P.シングルトン／D.セインズベリー編
江戸川大 太田次郎監訳

微生物学・分子生物学辞典

17091-2 C3545　　A 5 判 1268頁 本体48000円

微生物学・分子生物学の近年の急速な進展により新しい術語と定義が過剰になった。また，旧来の術語でも異なる意味で用いられることが少なくない。本辞典では，雑誌やテキストで実際に使われている用法を集め，旧来の意味や同意語なども明記して，最近のこの分野の情報の流れを形成している術語や語句に明確な最新の定義を与えることに努めた。また関連分野である生体エネルギー論や生化学分野などからも，詳細かつ包括的で，連結した情報を収録している。日本語訳五十音配列

W.トロール著
前京大 中村信一・京大 戸部 博訳

トロール 図説植物形態学ハンドブック
【上・下巻：2分冊】

17115-3 C3045　　B 5 判 804頁 本体28000円

肉眼的観察に役立つ，植物の外部形態を多数のイラスト・写真(745図)で解説した古典的名著の簡約版。全75章にわたる実用的入門書。〔内容〕種子植物の原型／種子の形態と胚の状態／実生／ロゼット植物の成長／普通葉の比較／木本植物の実生／托葉由来の脚部／葉序と葉の姿勢／葉面の凹凸／単子葉植物／「かぶら」植物／根茎植物／花の構造／花の相称性／アヤメ科の花／単子葉植物の液果／ブナ目ブナ科の果実／翼葉と分離果／多心皮の果実／総穂花序／散形花序／集散花序／他

進化生物研 駒嶺 穆監訳
筑波大 藤村達人・東大 邑田 仁編訳

オックスフォード辞典シリーズ
オックスフォード 植物学辞典

17116-1 C3345　　A 5 判 560頁 本体9800円

定評ある"Oxford Dictionary of Plant Science"の日本語版。分類，生態，形態，生理・生化学，遺伝，進化，植生，土壌，農学，その他，植物学関連の各分野の用語約6000項目に的確かつ簡潔な解説をした五十音配列の辞典。解説文中の関連用語にはできるだけ記号を付しその項目を参照できるよう配慮した。植物学だけでなく農学・環境科学・地球科学およびその周辺領域の学生・研究者・技術者さらには植物学に関心のある一般の人達にとって座右に置いてすぐ役立つ好個の辞典

前埼玉大 石原勝敏・前埼玉大 金井龍二・東大 河野重行・
前埼玉大 能村哲郎編集代表

生物学データ大百科事典

〔上巻〕17111-0 C3045　　B 5 判 1536頁 本体100000円
〔下巻〕17112-9 C3045　　B 5 判 1196頁 本体100000円

動物，植物の細胞・組織・器官等の構造や機能，更には生体を構成する物質の構造や特性を網羅。又，生理・発生・成長・分化から進化・系統・遺伝，行動や生態にいたるまで幅広く学際領域を形成する生物科学全般のテーマを網羅し，専門外の研究者が座右に置き，有効利用できるよう編集したデータブック。〔内容〕生体構造(動物・植物・細胞)／生化学／植物の生理・発生・成長・分化／動物生理／動物の発生／遺伝学／動物行動／生態学(動物・植物)／進化・系統

上記価格(税別)は 2004 年 10 月現在